收获
在于勤奋

李浩天 编著

COMES FROM
DILIGENCE

煤炭工业出版社
·北京·

图书在版编目（CIP）数据

收获在于勤奋／李浩天编著．---北京：煤炭工业出版社，2018（2023.11 重印）
ISBN 978-7-5020-6969-8

Ⅰ.①收… Ⅱ.①李… Ⅲ.①成功心理—通俗读物 Ⅳ.①B848.4-49

中国版本图书馆 CIP 数据核字（2018）第 245179 号

收获在于勤奋

编　　著	李浩天
责任编辑	马明仁
编　　辑	郭浩亮
封面设计	荣景苑
出版发行	煤炭工业出版社（北京市朝阳区芍药居 35 号　100029）
电　　话	010-84657898（总编室）　010-84657880（读者服务部）
网　　址	www.cciph.com.cn
印　　刷	永清县晔盛亚胶印有限公司
经　　销	全国新华书店
开　　本	880mm×1230mm $^1/_{32}$　印张　$7^1/_2$　字数　200 千字
版　　次	2019 年 1 月第 1 版　2023 年 11 月第 2 次印刷
社内编号	9849　　　　　　　　　　　定价　38.80 元

版权所有　违者必究

本书如有缺页、倒页、脱页等质量问题，本社负责调换，电话:010-84657880

前 言

有人说:"如果你是天才,勤奋则使你如虎添翼;如果你不是天才,勤奋将使你赢得一切。"也有人说:"人生就是一场竞技赛,生命就是赛程,能在这场竞技赛上获取金牌的人,都是永远勤奋的斗士,因为他们知道任何的成功都源于自始至终的勤奋和努力。"

事实也的确如此。在工作中,有许多人都想拥有一个不同凡响的经历和人生,要获得这种经历和人生,最好的办法就是勤奋。

可是,看一下我们身边的人,那些整天叫苦连天的员工,

收获
在于
勤奋

　　他们总是抱怨自己太辛苦，工作太累，得不到休息，身心疲惫，没有任何属于自己的时间，等等。于是，他们开始放任自己的松懈，开始任由自己的懒惰。而结果既造成他们自己的损失，也使公司的利益受到损害。

　　因此，懒惰和松懈是一个人成功的最大障碍，而勤奋却是迈向成功的唯一助力。

　　所有的成功者，都是非常勤奋的人。

　　所以，在任何时候，我们都要牢记，成功从勤奋开始。

目 录

|第一章|

收获在于勤奋

吃得苦中苦，方为人上人 / 3

把想象变为现实 / 6

勤奋才能成功 / 11

放下拖延的恶习 / 16

多勤奋一点 / 20

不要为了薪水而工作 / 24

再努力一点 / 27

勤奋和用心缺一不可 / 30

机会永远垂青努力的人 / 34

没有任何借口 / 38

勤奋工作，成就人生 / 42

成功始于勤奋 / 45

收获
在于
勤奋

|第二章|

养成勤奋的习惯

勤奋才能幸福 / 51

改变懒惰的恶习 / 55

勤奋耕耘,必有收获 / 58

丢弃懒惰的恶习 / 62

养成立即行动的习惯 / 66

保持勤奋的工作态度 / 70

为幸福生活而勤奋 / 74

养成勤奋的习惯 / 78

勤奋是一种美德 / 82

把握生命的每一天 / 85

勤奋让自己更聪明 / 91

热情是勤奋的一种精神力量 / 96

目录

|第三章|
积极主动地工作

积极主动地工作 / 103

养成积极主动的习惯 / 107

培养积极主动的品质 / 111

主动让你更突出 / 116

事事领先一步 / 119

主动做好分内的工作 / 124

主动就会领先 / 128

战胜自己 / 132

做积极主动的人 / 138

结果源于行动 / 142

全力以赴地工作 / 146

赢在行动 / 150

收获
在于
勤奋

|第四章|

勤于学习

活到老，学到老 / 157

在生活中学习 / 161

为什么学习 / 164

学以致用 / 168

知识就是力量 / 171

勤学则进，怠之则退 / 174

换个角度看问题 / 177

创新才有未来 / 181

思考决定一切 / 187

培养独立思考的能力 / 190

目录

|第五章|

肩负你的责任

什么是责任 / 197
承担工作中的责任 / 202
责任是借口的天敌 / 205
成功源于责任 / 209
尽职尽责地工作 / 213
把责任铭记在心中 / 217
养成专注的习惯 / 221
工作不能敷衍了事 / 225
勇敢地担起责任 / 228

第一章 收获在于勤奋

第一章
收获在于勤奋

吃得苦中苦，方为人上人

有人可能会说："工作，干吗要勤奋，老板就给了我那么一点工资，我怎么勤奋得起来？给多少钱，就做多少事。"以他的观点，我们是为工资而工作的。

远大集团总裁张跃说：

人要成功，除了勤奋别无他途，如果你勤奋了还不能成功，那说明你天分太差，没有办法。我从来都是很勤奋的，并没有说淘到一桶金后就去享受，去做大老板。十多个亿对我来说算什么呀？一百多个亿都不算什么！有些人说你现在赚的钱都花不完了，你还这么努力干什么呀？那是因为他们太缺少梦想。从某种程度上说，是梦想在催促着我们，在折磨着我们！千万不要因为自己有钱了，有可以雇用人的条件了，你就可以放弃自己的努力。

收获在于勤奋

事实上，在华人世界，很多大人物，他们都是终生努力的。有些人，他们的资产比我多十倍百倍，他们花在工作上的时间却比我更多。遗憾的是我们身边很少有这样的教育实例，通常人们认为，努力成为一个有钱有势的人，就是为了功成名就以后的享受，其实不然。真实情况是，这些人从此更努力！这一点很多人都不相信。

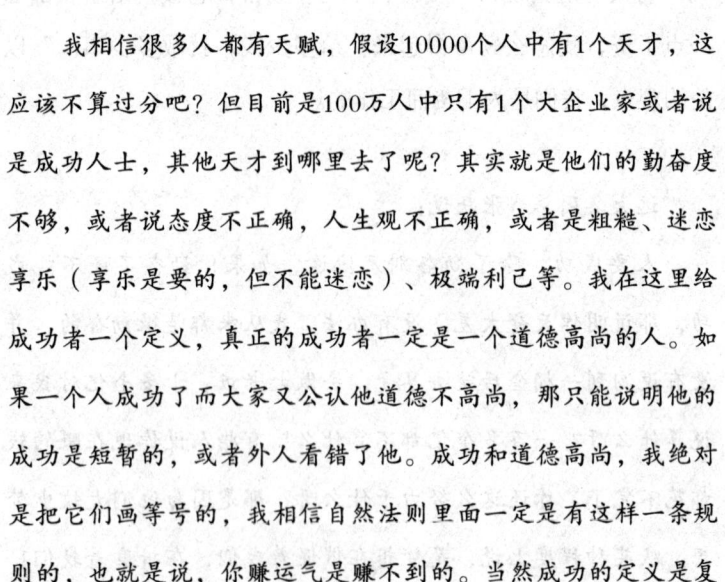

我相信很多人都有天赋，假设10000个人中有1个天才，这应该不算过分吧？但目前是100万人中只有1个大企业家或者说是成功人士，其他天才到哪里去了呢？其实就是他们的勤奋度不够，或者说态度不正确，人生观不正确，或者是粗糙、迷恋享乐（享乐是要的，但不能迷恋）、极端利己等。我在这里给成功者一个定义，真正的成功者一定是一个道德高尚的人。如果一个人成功了而大家又公认他道德不高尚，那只能说明他的成功是短暂的，或者外人看错了他。成功和道德高尚，我绝对是把它们画等号的，我相信自然法则里面一定是有这样一条规则的，也就是说，你赚运气是赚不到的。当然成功的定义是复杂的，而我说的是成大气候。

第一章
收获在于勤奋

我们一定要认识到所有的成功没有捷径，只有苦干，才能走向成功。学习是这样，工作同样是这样。99%的汗水加1%的灵感等于成功，这是爱迪生的话。有人问牛顿，他是怎么发现万有引力定律的？他回答说："我一直都在想这件事。"

关于这方面的故事有很多，从小开始，我们接触的教育就是从努力开始的。在家中，父母告诫我们学习要努力；在学校里，老师也会告诉我们，要努力，才能考得上大学，上了大学，才会出人头地。

在工作中很少有人会告诉你要努力，只有自己不断提醒自己，要努力干，才能得到自己想要的。

以前有一个国王，发布诏书，要求把全国所有的智慧、哲理编辑起来，三年时间后，这些智慧和哲理共计有十本书之多。国王认为太烦琐，于是精简到一本书；还是不够精练，于是又精简到一页；国王还要求修改，最后只剩下一句话，这句话就是："天下没有免费的午餐。"

所以，不断提醒自己努力的人最终都成功了。即使不是富翁、名人，他的生活也是富足的。吃得苦中苦，方为人上人。

收获
在于
勤奋

把想象变为现实

拿破仑说:"想得好是聪明,计划得好更聪明,做得好是最聪明又最好。"他告诉我们:好思想并不能换取成功。好的思想,还要有实际行动。成功的关键在于一个人明确地去行动,否则,即使思想再好,也只能是空想。

有一个年轻人,他很想成功,于是他找到了苏格拉底。他问道:"苏格拉底先生,你能成为著名的思想家的关键是什么呢?"

苏格拉底想都不想,就回答道:"多思多想。"

年轻人满怀"心得",一路跑着回家。在家里,年轻人每天都躺在床上,望着天花板,一动不动,他在想苏格拉底给他的心得"多思多想"。

转眼一个月过去了,年轻人在床上一睡就是一个月,身体越来越差。妹妹看到哥哥这样,于是跑去找苏格拉底,她对

第一章
收获在于勤奋

苏格拉底说:"苏格拉底先生,求你去看看我哥哥吧!一个月前,他从你这儿回到家,就像着了魔一样,一直躺着不起来,也不说话。"苏格拉底很疑惑,于是来到了这个人的家中,一看,只见年轻人变得骨瘦如柴,拼命挣扎着起身,可怎么努力也坐不起来。苏格拉底问道:"为什么你会这样呢?"年轻人对苏格拉底说:"我每天除了吃饭,一直在思考,你看我离成功还有多远?"

"你每天除了在床上思考,还做了一些什么呢?或者,你每天都在思考一些什么问题?"苏格拉底问。

"我每天都在思考,想的东西太多了,因为一直在思考,所以我什么都没有做。"年轻人答道。

"你这个蠢货,你不知道吗?只想不做的人只能生产思想垃圾。成功是一架梯子,双手放在口袋里的人能爬上去吗?"苏格拉底大声说道。

年轻人很委屈地回答:"不能。"

"那你还做这样的蠢事,有着好思想,还要有实际行动,否则即使思想再好,也只能是空想。"苏格拉底说。

从这以后,年轻人像是变了一个人,他不仅对需要做的事

收获
在于
勤奋

有一个很好的计划，而且在计划刚形成时就开始实施。几年过去了，这个年轻人也达到了他的目标，但是他仍然在不断地努力着，他希望自己能创造更多的财富，学习更多的知识。

正如上面故事所说，只有行动才会产生结果。生活中我们也应该有此觉悟，当我们砍大树时，每一次挥舞斧头砍上去时，并没有多大的效果，甚至在你看来是那么的微不足道。但在整个过程中，每一次都是非常重要的，这就是我们所说的行动的结果。如果用一句话来概括就是："只有行动是成功的保证。任何伟大的目标、伟大的计划，最终只有依靠行动才能实现。"

但是，有一部分人，他们也制订了很好的计划，这个计划无论从什么角度来分析都无懈可击，但是他们到了最后，却不能把这个计划实施。原因在哪儿呢？我们来看看这个故事：

亚历山大大帝在进军亚细亚之前，决定破解一个著名的预言。预言说的是谁能够将朱庇特神庙的一串复杂绳结打开，谁就能够成为亚细亚的帝王。在亚历山大大帝到来之前，这个绳结已经难倒了各个国家的智者和国王。亚历山大大帝知道，如果不能把这个绳结打开，将影响到军队的士气，士气对一支军

第一章
收获在于勤奋

队来说非常重要。

在绳结前,亚历山大大帝非常仔细地观察着。他害怕漏掉任何一个重要的环节。可是这个绳结和其他人说的一样,果然天衣无缝,找不到任何绳头。

亚历山大大帝很失望,当他准备放弃时,忽然灵光一闪:"为什么不用自己的行动来打开这个绳结呢?"

于是拔剑一挥,绳结一劈两半,这个百年难题就这样轻易地破解了。亚历山大大帝也轻松地占领了亚细亚。

人们往往因为道理讲多了,就顾虑重重,不敢决断,以至于错失良机,甚至坐以待毙。对于勇敢的人来说,没有条件,他也能够创造条件,他的行动永远有最好的时机和条件。因为行动本身就是在创造条件和机会。世界上最美好的事物都是那些勇于行动的人创造的。

电脑名人王安说过一个故事,在他12岁时,他在树下发现了一只被风吹落在地上的小鸟,他决定带回来喂养。到了家门口,他想起妈妈不允许他在家里养小动物。于是,他把小鸟放在

收获
在于
勤奋

门口进去求妈妈。在他的请求下,妈妈破例答应了,但当他回到门口时,小鸟已经不见了,看到的只是一只黑猫在舔着嘴巴。

为此,他伤心了好长一段时间,但是他也记住了一个教训:只要是自己认定的事,决不可优柔寡断,应该立即行动起来。

第一章
收获在于勤奋

勤奋才能成功

我国著名数学家华罗庚说过:"我不否认人有天资的差别,但根本的问题是勤奋。我小时候念书时,家里人说我笨,老师也说我没有学数学的才能。这对我来说,不是坏事,反而是好事,我知道自己不行,就更加努力。我经常反问自己:'我努力得够不够?'"

没有人是不经过努力就取得成功的,获取成功的途径除了勤奋别无他途。如果你勤奋了还不能成功,那就说明你天分太差。但是,你的付出并不是没有回报,至少你会生活得比那些懒惰的人快乐、舒适。

勤奋工作不仅是成功的首要条件,还能给人们带来无比的自信。因为,勤奋的工作态度不仅会赢得领导的赞赏,也会得到别人的嘉许。

当然,勤奋也需要一定的智慧,也需要正确理解勤奋的含

收获在于勤奋

义。首先，勤奋工作不是机械地工作，而是用心在工作中学习知识、总结经验。其次，勤奋不是要你一刻不停地工作，这样只能让你筋疲力尽，效率降低。最后，勤奋需要坚持不懈。

有一个人，他的公司破产了，于是他想到处去走走。这天，他走到了一个湖边，静静地站在那儿。这时，在旁边钓鱼的一位老人开口问道："年轻人，你这么年轻，为什么不快乐地生活，而是选择疲劳地度过一生呢？我在你的脸上看到了许多忧愁，有什么事？说出来，让我听听。"

年轻人对老人说："人生总不如意，活着也是苟且，有什么意思呢？我辛辛苦苦创建的公司现在破产了，我还有什么希望呢？"

老人静静地听着年轻人的叹息和絮叨，然后转过身去，在他身边的茶桌上泡了一杯茶递给年轻人。年轻人接过茶杯，可是他看到茶杯里的茶叶是浮在水面上的，于是问老人："老人家，为什么你泡的茶，茶叶浮于水上呢？"

老人笑而不语，一直看着年轻人，并让年轻人喝茶水。年轻人喝了一口后，对老人说："一点儿茶香都没有。"

第一章
收获在于勤奋

　　这时老人说话了:"这可是名茶铁观音,怎么会没有茶香呢?"

　　年轻人又端起了茶杯品尝起来,然后肯定地说:"真的没有一点香味啊,是不是你拿错了茶叶?"

　　这时,老人转过身子,把泡茶叶的水重新烧了一会儿,当水沸腾起来时,老人又取了一个茶杯,再泡了一杯茶。同样的茶杯,同样的茶叶,这时年轻人看到的是一杯茶叶沉于杯底的茶水,而且还有丝丝清香飘出来。

　　年轻人很想端起茶水尝尝,可是老人拦住了他,又提起水壶把沸腾的水倒了一些进去,这时茶杯里的茶叶上下翻腾,茶香也更加浓了。老人连续倒了三次,杯子里的茶水刚好满到杯口,于是让年轻人端起来品尝。这时年轻人喝到的是香浓的茶水,于是问老人:"为什么同样的茶叶,同样的茶杯,同样的水,沏出来的茶水却不相同呢?"

　　老人点了点头,然后对年轻人说:"水的温度不同,则茶叶的沉与浮就不一样。温水沏茶,茶叶浮于水面上,这样的茶水怎么会散发出茶香呢?沸水沏茶,反复几次,茶叶沉沉浮浮,上下翻腾,它的茶香肯定会散发出来。生活也是如此,在

收获
在于
勤奋

生活当中,你自己的功力不足,勤奋不足,要想处处得利、事事顺心根本不可能。所以要想得到收获,你需要勤奋,努力提高自己的能力。"

年轻人听了老人的话,脸上展现出无比的自信,谢过老人之后就回到了家里。从此,他做事勤奋,常常向一些前辈请教。不久之后,他重新成立了一家公司,这家公司得到了很好的发展。

这个故事给我们一个启示,勤奋是一种幸福,更是一种成功。

享誉世界的"圆舞曲之王"约翰·施特劳斯,他一生总共写了四百多首乐曲,也正是因为约翰的成就,人们给他冠以了"圆舞曲之王"的美誉。对于这个称呼,施特劳斯谦逊地说:"我的成就,只在于我把从前辈那里继承的所有经验加以扩充罢了。"

虽然施特劳斯受到了许多人的爱戴、称赞,但是获得崇高荣誉的施特劳斯并没有因此而骄傲,在他年近70岁的时候,他仍然保持着自己的习惯,每天都在为新曲子而思考,每天都在重复着年轻时所养成的习惯。

因为施特劳斯的勤奋,他的一生充满了希望、充满着成

第一章
收获在于勤奋

就。有人对施特劳斯说:"你是最幸福的人,我只能指挥一些属于我权力范围之内的人,而你的音乐使所有喜欢音乐的人都陶醉在你的指挥棒下。"

施特劳斯对此只说了这样的一句话:"苹果虽然甜,但有多少人知道它内心有多少苦核呢?"

是啊,有几个人知道成功背后的泪水与汗水呢?

收获
在于
勤奋

放下拖延的恶习

　　拖延是人类的一大恶习。美国哈佛大学人才学家哈里克说："世界上有93%的人都因为拖延的陋习而一事无成，这是因为拖延能杀伤人的积极性。"的确，拖延会严重挫伤我们的积极性。可能你有这样的感受，本来想去学点东西，但就是一直不愿动手，于是日子就在一天天的等待中过去，而你的热情也一点点地消逝。

　　拖延对我们的危害很大，但是我们对它的警惕性却不高。它不像毒品，因为我们都知道毒品的危害性，所以人人唯恐避之不及。因此，尽管毒品的危害性很大，但是由于人们的警惕，它的危害性也就仅仅局限在一定的范围内。而拖延对我们的危害不亚于毒品，它同样可以让我们意志低迷，让我们毫无斗志，但人们对它的危害性却没有充分的认识，因此它也就无孔不入了。我们的多少理想、多少梦想、多少希望，就在等待

第一章
收获在于勤奋

中消失殆尽。

拖延,可能会让我们失去很多。你与恋人约会,可是由于你的贪睡,结果迟到了一个多钟头,弄得她拂袖而去;有一项很重要的工作,由于你的拖延,延误了整个项目的开发,为此你失去了很大一笔订单或者很重要的一位客户;有一个你羡慕已久的职位终于空缺了,你认为自己的机会总算来了,但没想到最后这个位子却被别人抢了去,就是因为开会时你总是比别人迟到几分钟。所以,你看,因为拖延,我们不知要失去多少。

造成我们拖延的原因无非两个:一是我们认为手头的事不重要;二是事情很棘手,难以处理。如果事情真的不重要,那可以将它取消,但不要拖延;如果取消不了,那就立即去办。而对于很棘手的事情,我们每个人都从心理上去逃避它,但往往越是这样的事情,越是我们做事的关键,这时我们就必须学会迎难而上。有时只要你开始行动,就会发现事情远没有你想象得那么困难。

其实,在拖延的时间里,我们完全有能力把事情做好。所以,不要再犹豫,不要再逃避。只要我们刻意改正,是可以克服这个毛病的。拒绝拖延,可以让你不必再受心灵的煎熬;拒绝拖延,你将会发现自己的人生不再空虚。

收获
在于
勤奋

有个叫麦克的孩子,从小就有个梦想,那就是走遍美国,进行探险。他从小就喜欢运动,而且也从来就是想到就做。当他还在读小学的时候,就打算给自己买只网球拍。于是他利用课余的时间去捡一些易拉罐,然后再将它们卖掉,结果用了一个暑假的时间,便实现了自己的愿望。后来,他上了高中,有的同学每天都骑摩托车上下学。他见了很羡慕,于是便打算买一辆摩托车。他利用课余时间找了三份兼职工作。后来,他利用自己打工赚来的钱买了一辆摩托车,虽然当时他根本就不知道怎么骑它。

他开始学习骑车,每天骑着它上下学。一有时间,他便骑着自己的摩托车四处逛。他从来没有忘记自己小时候的那个梦想,那就是走遍整个美国。

之后,他又换了几辆摩托车,并独自骑着它去阿拉斯加州,征服了两千多千米布满沙尘的公路。后来,他又一个人骑车穿越了西部荒原。

在他23岁那年,他对自己的家人和朋友说要骑车穿越美国。他的父母和朋友们都不同意,说他疯了。但是他却不想放弃,因为他觉得自己如果现在不去,以后将不会再有时间。于是他不顾

第一章
收获在于勤奋

众人的反对,一个人骑上车出发了。他的行装很简单,只有一点钱,一个手电筒,一把防身的匕首,还有一张地图。

行程是艰苦的,他遇到了很多困难,有时要穿过荒无人烟的沙漠,有时要穿过茂密的丛林。有时好几天都见不到一个人影,只有他自己寂寞地骑着车,听着拂过耳畔的风声。有时还会遇到毒蛇猛兽,好几次他都与死神擦肩而过。那的确是一次伟大的冒险。

后来,他多次回想起那次经历、那些冒险。那个夏天,让他难忘,麦克觉得它在自己的心中具有举足轻重的位置。他也很庆幸自己能在那个时候实现自己的梦想,不然的话他将不会再有机会,他不可能再骑着摩托车去走访同样的山路、同样的河流、同样的森林了。因为在那次冒险之后两年的一个晚上,他骑车回家时被一个喝醉酒的司机撞倒,导致下身瘫痪。

所以,每当他回忆起自己的那次探险经历,心中都会充满了感激,他感到自己非常幸运,因为他可以在他有能力的时候实现自己的梦想。每次,他都会对周围的人说:"想做,现在就做。因为你不能指望下一秒钟会和现在一样能经过同样的地方,做同样的事。"

收获
在于
勤奋

多勤奋一点

　　勤奋一点，多做一点，对于大家来说，并不是什么坏事，也许正是你无意中的一些勤奋或者多做，让你得到了一次改变命运的机会。算一算，我们都知道我们生命中70%的时间都浪费在琐碎的事情上，大多数人把每天的时间都花费在吃、喝、睡等方面。直到最后我们才发现，我们虚度了大半生。

　　有一个叫利斯艾尔的人，他听说有人在萨文河畔散步时发现了金子。于是，他和很多人一样怀着发现金子的梦想走向萨文河畔，希望在那儿发现金子，并成为一个富有的人。利斯艾尔和很多人到了萨文河畔，他们寻遍了整个河床都没有发现金子，于是他们又在河床上挖了许多大坑，希望能挖出金子，可是他们失望了。最后大部分人都怀着失落的心情返回了家乡。

　　也有一小部分人不甘心，他们在心里想为什么那个人能找

第一章
收获在于勤奋

到金子，我们却找不到呢。于是，他们驻扎下来，继续在河床上寻找着金子。利斯艾尔也是这一小部分人中的一个。他在河床上选了一块没有人占领的土地继续寻找金子。利斯艾尔为了找到金子，把所有的家产都押了上去，可是半年后，他没有找到金子，其他人也没有找到金子，只是在他们所占领的土地上留下了许多坑洼。

后来，利斯艾尔放弃了寻找金子的梦想，他选择离开萨文河畔，到其他地方去谋求生路。在他将要离开的那天晚上下起了大雨，大雨一下就是三天。当第四天利斯艾尔走出小屋时，他发现小屋前坑坑洼洼的土地已经不在了，面前所展现出的是一块平整松软的土地。

看着面前的土地，利斯艾尔心里出现了一种想法：在这里没有找到金子，但是这样的土地种上植物应该会生长得很好，可以种一些蔬菜或鲜花拿到镇上卖给有钱人，他们应该会舍得花钱吧！

利斯艾尔的想法改变了他的一生，他下定决心不走了，他要在这儿种出金子。他花了很大的精力，培育蔬菜和花苗。不久后，他那块土地上长满了各种各样的新鲜蔬菜和许多美丽的

收获
在于
勤奋

鲜花。当他把那些蔬菜和鲜花拿到市场上去卖时,许多人都称赞蔬菜新鲜、鲜花漂亮。利斯艾尔的生意非常好,地里的蔬菜和鲜花几天就卖完了。看到市场的潜力,利斯艾尔又买了许多土地,并且扩大了销售范围。

几年后,利斯艾尔实现了他的梦想,他寻找到了属于自己的金子,成为一个富翁。

利斯艾尔是唯一一个找到金子的人。别人在这儿找不到金子便离开了,利斯艾尔却把"金子"种在了这块土地上,通过他的勤奋、努力终于获取了财富。

利斯艾尔的故事正如这样一句话所说:"辛勤耕耘,才有所得。"成功与失败之间的距离,并不像大多数人想象的那样是一道巨大的鸿沟。成功与失败的距离只在于一次次的思考,勤奋地工作,多一些努力去做事。

一位学者说过:"每天多做一点点,不是坏事,而是好事,没有谁会说你多事。如果你没有义务去做你职责之外的事,你可以自愿地选择去做,或者想办法让自己养成一个多做一点点的习惯,以鞭策自己快速前进。"当然,在每天多努力一点点的过程中,我们并不是漫无目的地去做,这需要我们发

第一章
收获在于勤奋

挥想象力，去构建自己理想的人生蓝图。此时，我们不妨闭上眼睛想一想，我们在十年以后将会是什么样子。换言之，就是我们积累了多少财富，自己的生活水准达到了什么样的标准，我们与什么样的人在一起共事，我们的社会地位怎样，等等。

收获
在于
勤奋

不要为了薪水而工作

我们在达成了一个小目标之后,一定不能放松,而是要继续勤奋工作,永不满足。从某种意义上说,是梦想在催促着我们!千万不要因为自己富有了,有可以用人的条件,就放弃努力和勤奋。

在我们的生活中,有很多做出巨大贡献的人,他们都是终生努力的。看看那些不努力的人,即使他们资本雄厚,但由于好吃懒做,结果一生也只能庸庸碌碌。

另外,在我们的工作中,我们还要时常提醒自己要努力奋斗,只有这样,我们才能得到自己想要的。

也许在你的身边会有这样一部分人,他们总是说道:"勤奋,干吗要勤奋,老板就给了我那么一点儿工资,我怎么勤奋得起来?给多少钱,就做多少事。勤奋,除非是傻子。"

但是,他们却忽略了一个更为重要的事实,如果你工作

第一章
收获在于勤奋

勤奋，为公司提升了业绩，创造了利润，公司领导会牢记于心的。即使你在这个过程中没有得到晋升，但在年终的时候，我想你的奖金也应该比其他人多。更重要的是，在这个过程中，你还得到了许多宝贵的知识、技能、经验和成长发展的机会，当然随着机会到来的还有财富。实际上，在勤奋中你和老板获得了双赢，勤奋不只是对老板负责，更重要的是对自己负责。试想，一家公司不可能因为你一个人的懒惰而一败涂地，但你却会因为你个人的懒惰，一辈子一事无成。所以，你用不着抱怨，更不用自怨自艾，你需要做的仅仅是勤奋地工作。

那些被懒惰吞噬了心灵的人是无法看透事物的本质的，他们相信的是运气之类的东西，别人发财了是幸运；知识广博是天赋；深受众望是机缘。在工作中，他们总是认为老板太苛刻，因而不愿努力工作。但是他们忘记了，工作时无所事事对自己的负面影响是最大的。有些人费尽心思逃避工作，不想投入同等的时间和精力努力工作。他们事实上是在愚弄自己。老板不可能了解员工的每一个工作细节，但任何一个明智的老板都明白，努力工作的结果会是什么样。升迁和奖赏决不会降临在对工作不用心的人身上。

如果一个人没有意识到这一点，那么，他在工作中就会琢

**收获
在于
勤奋**

磨如何少干点儿工作,多玩一会儿,结果过不了多久,他就会在激烈的竞争中被淘汰。所以说,享受生活固然没错,但怎样成为领导眼中有价值的职业人士,才是最应该考虑的。有位成功者说:"拿多少钱,做多少事,钱越拿越少;做多少事,拿多少钱,钱越拿越多。"此话的确有道理。如果你选择前者,你的钱只会越拿越少,这就是为工资而工作的结果。你愿意工资越拿越少吗?如果不愿意,就要确立对工作的第一个态度:千万不要为了工资而工作。

第一章
收获在于勤奋

再努力一点

生活中,不论你在什么地方,都必须对生存环境保持清醒的认识,要时刻告诉自己:如果现在我不努力工作,那么明天我就有可能失业。"今天工作不努力,明天努力找工作",就是告诉人们对工作要有忧患意识。如果今天你不努力工作,没有工作的危机感,那么你就可能被淘汰,接着再去努力找新的工作。为了将来工作顺利,不至于失业,你就要时刻对自己施加压力,以压力督促自己不停地向优秀靠近,使自己不至于落后。压力就是动力,它能使你保持激情,努力做到更好。

世界首富比尔·盖茨有一句话:"离微软倒闭永远只有100天!"微软公司这个名字代表的就是实力,可是,这样一家很有实力的企业为什么会有如此强烈的忧患意识呢?其实,这是提醒微软员工要以忧患意识警醒自己不断提高、不断进步,如果不这么做,那么等待你的将是明天的失业。

收获
在于
勤奋

"生于忧患，死于安乐。"这就是说人要有忧患意识，具有忧患意识的人才能更好地生存下去，没有忧患意识的人则会在安乐的环境中走向灭亡。它也告诉我们，不论我们多有才能，多么年轻，也要每天提醒自己：我还要努力、再努力。只有这样，才能得到自己想要的结果，也才能更舒适地生活下去。

一个安逸舒适的环境不仅会削弱人的意志力，还可以让人失去忧患的意识和奋斗的动力。当一个人长期处于舒适安逸的环境时，就有可能忽略一些极微小但会造成灾难后果的事情。解决这种困境的办法只有一个，那就是提醒自己每天都再努力一点儿。

时时刻刻都要让自己保持努力的精神，是一个人立足职场的根本法宝。不管何时何地，让自己走在最前端永远不会错，在风云变幻的职场中，只有让自己时刻保持第一，才能永不落伍，才能避免被淘汰的危险。

同时，我们还必须认清，在如今职场竞争激烈的现状中，想要保住自己的饭碗，努力工作是第一原则，同时还要有危机意识，时刻提醒自己"今天工作不努力，明天努力找工作"。其实，努力工作一方面为他人创造了利润，同时也实现了自己的价值，给自己带来了精神上的满足。一切工作，只有勤奋努

第一章
收获在于勤奋

力、苦心钻研,才能获得更高的收益,才能更好地实现个人的自我价值。

在生活中总有这样的一群人存在,他们平时不努力工作,把自己的希望寄托于机遇,梦想着天上掉馅饼的好事。但是,这种好事是容易碰上的吗?例如,中国彩票爱好者众多,可中大奖的人却只有几个。所以,依靠侥幸心理来实现成功是非常渺茫的,要想获得成功,最现实也最可靠的办法还是踏踏实实地努力工作,用自己的辛勤劳苦换来成功的果实。

另外,还有一部分人,他们在工作岗位上不认真工作,敷衍了事,成绩平平,不追求卓越,不积极向上,缺乏十足的干劲。他们总是想我的工作虽然做得不是最好,但也不是最差,因此无论如何裁员都不会裁我。这样的员工思想里没有危机感,工作自然也就没有干劲。只有当他们失去工作的时候,才懂得努力的重要。

所以,我们必须将这样一条原则放在心上:工作要努力。只有努力工作,才能拥有成为优秀员工的潜能,拥有被委以重任的机会,也才会有升迁和加薪的机会。

收获
在于
勤奋

勤奋和用心缺一不可

想把一件事做好，并不在于自身的能力多强，而在于是否用心去做这件事。做一件事努力不能缺少，同样的用心更不可缺少。只有当全身心地投入一件事时，做好只是时间的问题。

正如一位成功的企业家对自己员工的要求："用心将自己的本职工作做好，不管运用什么方法，总是为客户着想，为公司着想，尽量让客户享受到最优质的服务，让公司获得最大化的价值。"这句话体现了一个员工对工作热情和负责的良好职业精神。

李刚和刘立同在一家公司工作。李刚工作认真负责，很是用心，几乎不浪费在公司的一分钟，而且还积极加班加点。刘立则敷衍了事，得过且过，漫不经心，工作中偷懒是常有的事。虽然他工作能力比李刚强，但是他总是不用心去做，因此

第一章
收获在于勤奋

工作中的失误接连不断，给客户、更给公司造成了重大损失。后来老板再也无法忍受这种空有一腹才华却毫不用心的人，毅然辞退了刘立，留下了才能一般却工作认真用心的李刚。

在职场当中，才能是工作中非常重要的因素，也是老板很看重的一个方面，但是否用心去做事也是老板衡量一个人是否优秀的重要准则。职场中有很多员工，他们总是抱着"难得糊涂"的心态做事，凡事讲究过得去就行，而从来不去追求完美。其实，这是不用心的表现。一个用心工作的人总能站在公司的立场去做事，他会尽心尽力将工作做到最好，他会想方设法为公司节省每一笔开支，力求用最小的投资换来最大的价值。

马丁·路德·金说过："如果一个人是清洁工，那么他就应该像米开朗琪罗绘画、像贝多芬谱曲、像莎士比亚写诗那样，以同样的心情打扫街道。他的工作如此出色，以至于天空和大地的居民都会对他注目赞美：瞧，这儿有一位伟大的清洁工，他的活儿干得真是无与伦比。"难道不是这样吗？我想，大多数人都应该有这样一个认识，工作没有高低贵贱之分，只要用心去做，任何一件工作都有发展前途。

**收获
在于
勤奋**

　　大部分人整天浑浑噩噩地工作，缺乏创造性、积极性，抱怨待遇不好、工作环境不好等，却从不从自己的身上找原因。其实，只要在工作中加入自己的创意和热情，并且用心去做，那么，任何人都能做出一番不错的成绩来。

　　还有一部分人，他们对自己的工作总是感觉枯燥乏味，体会不到激情，这同样是因为他们没有用心去做，没有认识到工作的更高意义和价值，只是一味地为工作而工作，把工作当成了养家糊口的工具，没有深刻认识到工作其实不仅仅是生存的工具，也是体现一个人价值和意义的重要舞台。所以，只有用心去工作，才能将工作做好，才能在平淡无奇中挖掘出新意，才能创造出更高的价值。

　　有这样一个年轻人，在一家大型建筑公司工作，他的上司是一位刚刚被提拔的年轻经理。这个经理所承受的压力是非常巨大的。在这样的人身边做事，总是会让人感到压抑和紧张。这个年轻人虽然总是小心翼翼，却还是难免犯错。有一次，年轻人为董事会准备资料，他很熟练地整理了一下从各部门呈上来的报表，然后很快做出一份上交材料。但是当他把这份资料交给经理，经理用眼一扫之后，就说了一句话："看来就是没

第一章
收获在于勤奋

有用心。"年轻人很不服气,觉得自己做得已经很好了,虽然不敢说最好,但至少还是比较好的,他不明白为什么经理都没有好好看一下就得出这样的结论。他很气愤地说:"经理,为了写这份材料,我已经好几天没有按时吃晚饭了。"经理听了后说道:"是吗?但是你虽然花费了时间,却没有成效,只能说明你没有用心。你自己看看吧!里面有几个数据根本就不正确,另外还有几个错别字。"

速度再快、工作再累,当你不用心做事时,所有的努力都将变得一文不值。工作不用心的人总是在敷衍,而不去从根本上解决问题,这样的员工自然难以将工作做好,也就难以得到老板的喜欢。用心去工作的员工才能得到老板的赏识,才能成为老板的得力干将。

所以,只有用心去工作,你才会发现工作的无限乐趣和意义,就会产生许多好的创意和想法,就会有更高的工作效率,为公司创造出更多的利润。

收获
在于
勤奋

机会永远垂青努力的人

　　成功是靠一步一个脚印走出来的，是经过长年累月的行动与付出累积起来的。虽然，任何人都会有所行动，但成功者却是每天都多做一点儿，多付出一点儿，所以他们比别人更早成功。

　　一个勤奋的人，只要努力了，就有可能获取成功的机会。如果你不去努力，你就一点儿机会都没有，毕竟机会是源于你的努力。换句话说，你付出了不一定能够得到回报，如果你不付出，那么你肯定什么都得不到；如果你得到了回报，也是因为你有所付出。

　　所以，不管做什么事，都应该努力一点儿，这样我们就能得到更多，成功的机会也会更多。

　　有这样两个年轻人，一个叫李斯，另一个叫陈诺。两人在同一家超市上班，半年后陈诺青云直上，薪水涨了好几次，李

第一章
收获在于勤奋

斯却仍然在原地踏步。因此，他非常不满意，认为总经理对他不公平。一段时间后，他到经理那儿对总经理发起了牢骚。经理一边耐心地听他说，一边在心里盘算着怎么向他解释他和陈诺之间的差距。

"小李啊！"经理开口说道，"你的事情我们会了解一下情况的，你明天早上先到集市上，看看有些什么东西在卖，然后回来给我们说说。"

第二天早上，李斯很早就从集市上回来了，他对经理说："经理，今天早上集市上只有一位老人家拉了一车土豆在那儿卖。其他的就没有了。"

"哦，是这样啊！那你问了多少钱一斤了吗？大概还有多少斤？"经理问道。

李斯听了经理的话，又往集市上跑去，一会儿回来对经理说："老人家说，还有300斤左右，2毛3一斤。"

"土豆是什么地方产的，你知道吗？还有，是今年的，还是去年的？"

李斯又匆匆忙忙地跑去问了回来，这时经理对他说："你先坐在这儿，一会儿陈诺回来了，你看看他是怎么说的。"

收获
在于
勤奋

一段时间后陈诺从集市上回来了,和经理打了一个招呼,然后拿出一个笔记本,很快就把今天集市上老人卖土豆的事说得很详细,价格是多少,还能降多少等一些问题都清清楚楚地说明白了。同时,他还让老人家把土豆送一些到超市来,另外老人家里的其他蔬菜也送一些来,因为这几天他们卖的蔬菜都是老人送来的,而且卖得非常好。

经理笑了笑,然后转身对李斯说:"小李,你应该明白为什么小陈的薪水比你高了吧!"

李斯不好意思地红了脸,默默地走出了办公室。

不同的人做同样的工作,往往会有很大的差别,最重要的原因就在于自己是否比别人努力。陈诺能够成功,能够很快涨薪水,并不是没有原因,他能获得成功是因为他比别人努力,比别人善于思考。常言道:"不积小流,无以成江海;不积跬步,无以至千里。"我们必须重视今天的每一点努力,对待工作要兢兢业业、踏踏实实,尽量每天多努力一点儿,多做一点儿。只要你坚持下去,那么你追求的梦想也就离你越来越近。

有一句话这样说道:"每天多一些努力,从改变行为开始,进而改变自己的态度,然后,你的生活自然会得到改

第一章
收获在于勤奋

变。"是啊，尽管每天多做一点儿事情，在短时间内可能看不出成果，但只要你坚持不懈，不仅个人的能力会得到提升，同时也是在为随时可能降临的机遇积蓄能量。聪明的人做这些的时候不是做给领导看，他们在自己的努力中不断地积累经验，增加自己的知识，这些人永远走在别人的前面。

很多人想早点获取成功，可是他们无法一步登天。成功是慢慢积累的，是通过我们一天天的努力奋斗而换取的。所以我们要想获得成功就必须比别人多付出、多努力。就像盖房屋一样，每一层房屋都是由一块块的砖头堆砌成的；也像我们的知识一样，是一点一滴积累起来的。

是啊，我们每个人都有自己的路，但我们前进的方向都是相同的——追求自己的理想。当我们在前进的道路上行动时，只有多努力一点，多一些付出，才会为自己创造更多的成功机会、更多的成功资本，也才能在竞争中脱颖而出，得到领导的肯定，得到成功的垂青。

收获
在于
勤奋

没有任何借口

一位成功者说过:"在任何时候,不要存有任何借口。借口是人们在成功道路上许多障碍之一,也是那些失败者口中所谓的失败理由。"

那些成功者,他们不论在何时,一直都在寻找解决困难的方法。相反,那些失败的人,他们一直都在为自己的失败而找借口。也正是因为如此,他们陷入了死亡的泥潭,犹如落入虎口的羔羊,毫无招架之力,只能束手就擒,一命呜呼了。所以,要拯救自己,要在竞争中立于不败之地,首先必须尽力清除借口。

也许有人会说,并不是所有借口都是假造的理由,某些真正存在的原因一样会造成事件的失败。其实,尽力清除借口,并不是冷漠或缺乏人情,而是对人对事至大至善的关注与支持,竭尽所能将可能的伤害与打击降至最低。在我们的心里,

第一章
收获在于勤奋

我们要防范一切借口，摒弃一切借口。

不找任何借口，不论在什么时候，都是成功者的关键素质之一。这些成功者从不编织借口逃脱自己的责任，他们往往对每件事情都是神情专注、干劲十足地全心投入，他们都拥有一种不达目的誓不罢休的心态。同时，在这些成功者的心里根本就没有想过去找借口，在他们的心里也根本没有想过失败的念头。

借口总是在我们的身边，如同幽灵般四处游荡，恣意横行。有的人有意无意地编织着各种各样冠冕堂皇的借口，有的人绞尽脑汁寻找借口，有的人处心积虑制造借口。不管怎么说，他们的用意只有一个，用借口来做他们的挡箭牌。借口在工作中更是无处不在，从表面上来看，借口伤害到的是公司、是企业，但认真地思考、分析，就会发现，真正受伤害的是那些遇事找借口的人。因为，他们用借口来掩盖他们所有的不良行为，最终导致了他们必将为自己不负责任的行为付出高昂的代价。这一部分人可以为个人谋取短期利益与暂时的福利，把属于自己的过失掩盖掉，把应该由自己承担的责任转嫁给他人。但时间一长，不管是他们，还是其他的人都会发现，他们扼杀的是自己的才能，泯灭的是自己的创造力。所以，借口无

收获
在于
勤奋

疑是在使自己的生命枯萎,将自己的希望断送,终其一生只能做一个庸庸碌碌、无所作为的懦夫。

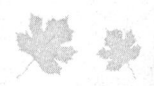

那么,如何去解决这个问题呢?其实很简单,只要彻底地消除借口。只有消除了它,企业才能拥有重见天日的希望,才能迸发重新再来的活力与能量,才能克服重重困难,争取胜利。企业与借口是对立冲突、势不两立的,必须将借口赶出公司。

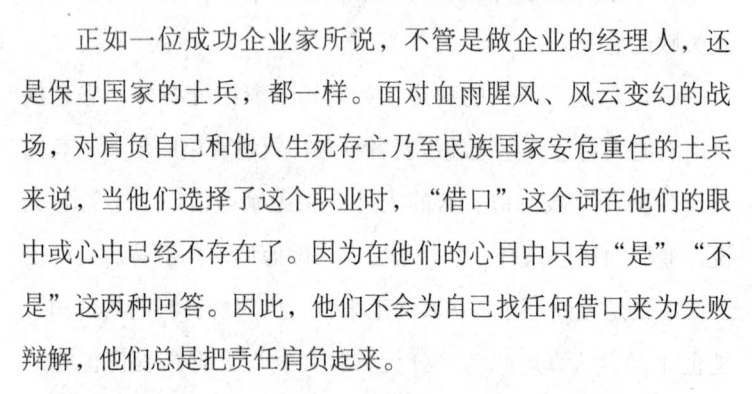

正如一位成功企业家所说,不管是做企业的经理人,还是保卫国家的士兵,都一样。面对血雨腥风、风云变幻的战场,对肩负自己和他人生死存亡乃至民族国家安危重任的士兵来说,当他们选择了这个职业时,"借口"这个词在他们的眼中或心中已经不存在了。因为在他们的心目中只有"是""不是"这两种回答。因此,他们不会为自己找任何借口来为失败辩解,他们总是把责任肩负起来。

寻求借口的人经常做的事,就是将自己的责任推到别人身上,一旦他们这种行为养成了习惯,那么,他们的责任心也就烟消云散了。其实,把话说开,对于遇事找借口的人,我们就只有这样的话去说了,那就是他们面对自己的工作,常常无力承担,也不想去承担,他们往往是缺乏在工作中磨炼自己、提高自己的愿望,缺乏积极向上、艰苦奋斗的意志,缺乏挑战困

第一章
收获在于勤奋

难的勇气与承受挫折失败的心态。这些人渴望轻松享受，甚至期望能够不劳而获。也正是由于他们的这种想法，借口成为他们掩饰弱点、推卸责任的有效武器。利用借口，他们将本该自己去做的事情推给别人，在劳累别人、牺牲别人中放松自己、保全自己。这样的人，是聪明的人，同时也是愚蠢的人。

为什么说他们聪明呢？至少他们知道如何来保全自己。其实，如果他们能把找借口的这种聪明才智放在工作上，我想这些人也不会比别人差，有的甚至会比其他人更好。可事与愿违的是，这些人，他们不明白在每一个工作、每一个困难背后都蕴含着很多个人成长的机会。所以，这些寻求借口、逃避工作的人，他们的一生已经注定是一事无成了。

收获
在于
勤奋

勤奋工作，成就人生

卡尔森集团是全球最大的家族企业之一，它涉及领域广，包括市场营销、商务和休闲旅游、餐饮业及酒店业。创造卡尔森集团的卡尔森曾说："我的成功应该源于我个人的勤奋。"事实也如此，卡尔森集团的成功，正是依靠卡尔森早年的勤奋开拓出来的。

卡尔森名下有全世界最大的旅行社以及瑞森达大饭店。《福布斯》杂志估计他的财产有近5亿美元。卡尔森是勤奋致富的典范。早年，卡尔森从推着自行车卖奖券开始做起，一直做到全国首屈一指的大富豪。这个历程是艰辛的，卡尔森不知吃了多少苦，受了多少罪，遭受了多少白眼，忍受了多少耻辱，但是他依靠自己的勤奋走向了成功。在这个奋斗的过程中，他学到的最有用的东西就是勤奋。卡尔森的工作哲学是"星期一到星期五保持竞争力不落人后，星期六与星期日拿来超越别

第一章
收获在于勤奋

人"。他是一个典型的工作狂,如果有一天无事可做,他就感到失落。工作已经成为他生命的重要部分,他将一切都献给了工作,而工作也以丰厚的奖励回报了他。

卡尔森的成功也印证了著名的犹太商人哈比所说的一段话:"我的投资并非任何时候都能赚钱,但我总是付出自己的勤奋,这样即使不能赚钱,我也毫无怨言。而实际上,只要你付出了勤奋,就会有赚钱的机会。"

任何成功的背后往往都是以个人勤奋的付出做铺垫的,胜利的喜悦下面掩藏的是滴滴晶莹的汗水。凡是取得成就的人,无不付出了艰辛的劳动。可以说,世间所有人出生时都是一样的。富者不勤则贫,贫者不勤则更贫,所以,不管你出生时富贵或贫穷,只要你勤奋,财富的到来只是时间问题。

当我们看着台上的演员们表演时,总是被他们精彩的演技而折服。但是又有多少人知道这些演员们的辛勤。"台上一分钟,台下十年功",演员们舞台上精彩的表演,是以台下十年如一日的辛勤演练换来的。他们在风光无限的舞台上展现的是笑容、是光芒,然而在这背后隐藏的却是什么?是他们一天又一天、一年又一年长期艰苦而又辛勤的锻炼。他们的成功并不

**收获
在于
勤奋**

是一朝一夕所成就的,他们之所以会成功,乃是由于他们比多数人勤奋,比多数人流下的汗水多,于是才有了成功的机会。不仅是演员们如此,其他在各个行业做出非凡业绩的人无不是如此。

  勤奋永远是成功的最好诠释。如今人才济济,竞争激烈,要想做出一番成就,离开勤奋简直没有任何希望。有一位成功者很自信地对采访他的人说道:"我的信条就是我祖父常对我说的一句话:'要当那个早晨第一个到办公室,晚上最后一个离开的人。'"这句话正说明了勤奋才能成功的道理。

第一章
收获在于勤奋

成功始于勤奋

通用电气的CEO韦尔奇说:"勤奋就是财富,勤劳就是财富。谁能珍惜点滴时间,就像一颗颗种子不断地从大地母亲那儿汲取营养那样,惜分惜秒,点滴积累,谁就能成就大业,铸造辉煌。"

爱因斯坦说:"在天才和勤奋之间,我毫不迟疑地选择勤奋,它几乎是世界上一切成就的催生婆。"

乔·雷诺兹也曾说过:"如果你富有天分,勤奋可以发挥它的作用;如果你智力平庸,勤奋也可以弥补你的不足。"

由此可见,勤奋对于成功的重要性。

下面这些成功者,他们的成功同样离不开勤奋与坚持:

司马迁写《史记》用了15年;

司马光写《资治通鉴》用了19年;

达尔文写《物种起源》用了20年;

收获在于勤奋

李时珍写《本草纲目》用了27年；

马克思写《资本论》用了40年；

歌德写《浮士德》用了60年。

他们的成功，都是由许多年的勤奋积累得来的。天道酬勤，成功不是无缘无故到来的，失败也不是无缘无故降临的，只有那些不肯付出辛苦汗水的人，才是最大的失败者。在成功的道路上，除了勤奋，依然是勤奋。除此，没有任何捷径可走。

赫赫有名的马利欧企业的创始人马利欧是一个以勤奋创业的人，多年来他都坚持每天工作18个小时。他总是说："每周只工作40个小时的人，不会有出息。"

人生的许多财富，都是平凡的人们通过自己不断的努力而取得的。勤奋和努力如同一杯清茶，比成功的美酒更对人有益。一个人，如果毕生都能坚持勤奋、努力，本身就是一种了不起的成功，它令一个人从精神上焕发出光彩，这决非胸前的一排奖章所能比拟的。

在周而复始的日常生活中尽管有种种牵累、困难和应尽的职责、义务，但它们却能使我们获得种种最美好的人生经验。对那些执着地开辟新道路的人而言，生活总是会给他提供足够的机会和不断进步的空间。人类的幸福就在于沿着已有的道路

第一章
收获在于勤奋

不断开拓进取，永不停息。那些最能持之以恒、忘我工作的人往往是最成功的。

"只要功夫深，铁杵磨成针。"勤奋工作，是一种敬业精神，是对工作的负责，是对既定目标的追求，更是成功的首要条件。有许多人总在责怪命运的盲目性，其实命运本身远不如人那么具有盲目性。了解实际生活的人都知道，天道酬勤，财富掌握在那些勤勤恳恳工作的人的手中。

纵观历史，有许多让我们不得不认真对待的事实。这些事实也让我们明白，在获得巨大财富的过程中，一些最普通的品格，如公共意识、注意力、专心致志、持之以恒等，往往起着很大的作用。即使是盖世天才也不能轻视这些品质的巨大作用，一般人就更不用说了。事实上，那些真正的天才恰恰相信常人的智慧和毅力的作用，而不相信什么天才。甚至有人把天才定义为公共意识升华的结果。

约翰·弗斯特认为"天才就是点燃自己的智慧之火"。

波思认为"天才就是勤劳"。

第二章 养成勤奋的习惯

第二章
养成勤奋的习惯

勤奋才能幸福

幸福的生活,都是通过人们不断地努力去争取来的。没有勤奋,哪有幸福。

俗话说"钱并不是万能的,但没钱是万万不能的",没有勤奋,哪能有收获?没有收获,用什么去换取生活中的一切?

人们常说"勤奋是金",所以,只有通过不断地努力,才能使自己变成一块发光、发亮的金子。

所有成功者都是勤奋者,例如安德鲁·卡内基,他是"钢铁大王",而这个称号正是他勤奋的结果。

10岁时,卡内基为了给家里分担一些负担,他选择了进入工厂做童工。当时他进了一家纺织厂,每月只有7美元的薪水。为了挣到更多的钱,安德鲁·卡内基又找了一份烧锅炉和在油池里浸纱管的工作,这份工作每个月只比纺织厂多挣3美元。油

收获
在于
勤奋

池里的气味令人发呕,加煤时锅炉边的热气,使安德鲁·卡内基不停地流汗。可是他一点儿都不在乎,仍然努力地工作着。

为了能使家人的生活条件更好一些,自己的工作更好一些,他每天晚上都要坚持去夜校上课,也正是这些知识为安德鲁·卡内基开创他巨大的钢铁王国打下了坚实的基础。

1849年,安德鲁·卡内基迎来了他的第一次机会。因为他的姨夫给他带来了一个很好的消息,说匹兹堡市的大卫电报公司需要一个送电报的信差。安德鲁听到这个消息,非常高兴,因为他知道机会来了。在准备好一切后,安德鲁在父亲的带领下来到了电报公司。当时面试他的人正好是大卫电报公司的拥有者大卫先生。大卫对这个应聘者先是打量了一番,然后问安德鲁:"匹兹堡市区的街道,你都熟悉吗?"

安德鲁几乎都没有进过城,因此对于匹兹堡市区的街道一点都不熟悉,但他是这样回答的:"不熟悉,但我保证在一个星期内熟悉匹兹堡的全部街道。"然后,又对他自己的形象补充道,"我个子虽然很小,但比别人跑得快,您不用担心我的身体,我对自己很有信心。"

大卫听了他的话非常满意,然后笑着说:"好吧,我给你

第二章
养成勤奋的习惯

每月12美元的薪水，从现在起就开始上班吧！"至此，安德鲁的人生出现了第一次转折。

一个星期很快过去了，安德鲁也实现了对大卫先生的承诺，他完全熟悉了匹兹堡市区的大街小巷。安德鲁在熟悉了市内街道一星期后，又完全熟悉了郊区的大小路径。就这样安德鲁在一年后升职为管理信差的管理者。

此时的安德鲁并没有停步，而是更加勤奋地工作。一天大卫先生单独把安德鲁叫到了办公室，对他说："小伙子，你比其他人工作更加努力、勤奋，我打算给你单独涨薪水，从这个月开始你将会得到比别人更多的薪水。"当时安德鲁很高兴，那个月他得到了20美元的薪水，对于15岁的安德鲁来说，这20美元可是一笔巨款。薪水得到了提升，安德鲁工作起来更加疯狂。他几乎每天都提前一至两个小时到公司，把每一间房屋都打扫一遍，然后悄悄地跑到电报房去学习收发电报。对于这段时间安德鲁非常珍惜，正是这样日复一日地学习，他很快就掌握了收发电报的技术，以后的日子他的技术越来越好。后来安德鲁成为公司里首屈一指的优秀电报员，而且职位再一次得到了提升。

收获在于勤奋

在电报公司工作的这段时间，对于安德鲁来说，是他"爬上人生阶梯的第一步"。在当时，匹兹堡不仅是美国的交通枢纽，更是物资集散中心和工业中心。电报作为先进的通信工具，在这座实业家云集的城市里有着极其重要的作用。安德鲁每天行走在这样的环境里，使他对各种公司间的经济关系和业务往来都非常熟悉，也使他获得更多的经验，为他日后成就事业打下了良好的基础。

安德鲁的成功完全源于他的勤奋。每一个人只要在工作中比他人更努力、更勤奋，就能够获取更多、更大的成就。华人首富李嘉诚也说过："耐心和毅力就是成功的秘密。"是啊！没有播种就没有收获，光播种，而不善于耐心地、满怀希望地耕耘，也不会有好的收获。

所以，任何成功都不是轻易得到的，任何巨大的财富都不可能唾手而得，都是要经过艰苦奋斗，才会有所收获。

第二章
养成勤奋的习惯

改变懒惰的恶习

勤奋者都是成功者,那些大凡有作为的人,无一不与勤奋有着难解难分的缘分。在他们身上你不会发现懒惰的恶习,同时,他们也从不让懒惰的恶习出现在自己身上,他们甚至希望自己身边的人也做到这一点。

佛祖释迦牟尼在众弟子面前一边敲木鱼,一边念经。一段时间后睁开眼,看着众弟子,讲道:"弟子们可有谁知道,为什么念佛时要敲木鱼?"

众弟子你看看我,我看看你,没有谁能答上来。

佛祖又继续说道:"名为敲鱼,实则敲人。"

这时一个弟子问道:"那为什么不敲其他东西呢?"

佛祖笑了笑,对众弟子说:"鱼是世间最勤快的动物,整日睁着眼,四处游动。这么勤快的鱼尚要时时敲打,何况懒惰

**收获
在于
勤奋**

的人呢!"

懒惰是个很有诱惑力的东西,任何人都会与它相遇。比如:周六、周日在家休息时躺在床上不想起床;今天能做的事,推到明天去做;自己看不懂的英语单词等着上学时问老师或同学,等等。懒惰是人类最难战胜的一个敌人,许多本来可以做到的事,都因为一次又一次的懒惰而错过了成功的机会。

佛祖释迦牟尼讲的敲打,就是我们现在所讲的鞭策。人一生要勤奋,就要不断地鞭策自己,克服懒惰的毛病。

懒惰并不是天生的,是后天养成的习惯。不论是谁,在他的身上都会有懒惰这个敌人,但当中的一大部分人都会想办法清除这些惰性,让自己变得更勤奋。然而有一部分人,他们无法靠一般的鞭策来调动干劲,因此无法打败惰性。

当然,还有那些稍有成就的人,当他们达到一定的发展层面之后,特别是进入了享受上的层次之后,就会出现动力上的不足,也就是出现一定的惰性。为此,在这个时候就需要进行"激活",也就是刺激。要通过强烈而有效的刺激,达到对人们动力的调动与唤醒,消除惰性。

动力的激发方式因国家、文化而定,中国现行的一些做法

第二章
养成勤奋的习惯

就有三种模式：

第一种是奖励模式。这种奖励模式，又有两种方式：一种是物质方面的刺激，另外一种是精神方面的刺激。

第二种是回报模式，例如现在很多小公司对销售人员有提成，让你天天有回报，天天有赚头，如果你不去努力，那么就什么也得不到。

第三种是嫉妒激发模式，这是一种舆论导向式的东西。这三种模式都可以调动人的积极性，激活人内在的动力，从而消除惰性。

在你不惧怕任何挫折和失败，永不停息地、百折不挠地奋斗时，你就会把那些看似不可一世的困难和挫折踩在脚下。这时你就会发现自己是多么的强大，也知道了人是需要奋斗精神的。

看看那些古今中外的伟人，在他们的身上都可以找出成功的某些必然性，最为清晰的就是才学广博，勤于耕作。由此可见，凡是能创造最好的自己的人，他们的机遇虽然各有不同，但他们勤奋不懈的努力却是相同的。

收获
在于
勤奋

勤奋耕耘，必有收获

有一条河，在河里会有一部分金子的细粒，为此，许多人都渴望在其中淘到金子。在一段时间内，那里布满了无数的淘金者。一段时间后，这些人大部分都离开了，只有少数几个人还在继续淘金。这几个人也是淘金者中真正得到回报的人，因为他们比其他人勤奋，白天他们和其他人一样努力，到了晚上没人时，他们又会独自去淘金。没有光，他们用手电筒照明。他们的收获当中，有一大部分都源于他们晚间的勤奋。

在现实生活中，任何一项成就的取得，都与勤奋分不开。所以，勤奋是你通向成功的钥匙。勤奋，是幸福生活必不可少的。

俗话说，耕耘必有收获。一个人的成功有多种因素，环境、机遇、学识等外部因素固然都很重要，但更重要的是依赖自身的努力与勤奋。缺少勤奋这一重要的基础，哪怕是天赋异

第二章
养成勤奋的习惯

禀的鹰也只能栖于树上,望天兴叹。而有了勤奋和努力,即使是行动迟缓的蜗牛也能雄踞山顶,观千山暮雪,望万里层云。

华人首富李嘉诚就是将勤奋做到底的人,勤奋是李嘉诚的一条重要人生准则,也正是因为他的勤奋造就了他的成功。

在一次集会上,有一位记者问李嘉诚的成功秘诀是什么,他回答道:"勤奋。"之后又讲了个小例子,他说:日本"推销之神"原一平在69岁时的一次演讲会上,当有人问他推销成功的秘诀时,他当场脱掉鞋袜,将提问者请上台说:"请您摸摸我的脚板。"

提问者摸了摸,十分惊讶地说:"您脚底的老茧好厚哇!"

原一平接过提问者的话,说道:"因为我走的路比别人多,跑得比别人勤,所以脚茧特别厚。"这位提问者略作沉思,顿时醒悟。

李嘉诚讲完故事后,微笑着自谦地对记者说:"我没有资格让你来摸我的脚底,但我可以告诉你,我脚底的老茧也很厚。"

当年李嘉诚每天都要背着一个装有样品的大包从港岛西环的坚尼地城出发,马不停蹄地走街串巷,从西营盘到上环、到

收获在于勤奋

中环，然后坐轮船到九龙半岛的尖沙咀、油麻地。

李嘉诚说："别人做8个小时，我就做16个小时，开始别无他法，只能将勤补拙。"

李嘉诚在茶楼做过跑堂，每天拎着大茶壶，十多个小时来回跑。后来做了推销员，依然是背着大包一天走十多个小时的路。

不可否认，成功者永远都是勤奋者。那些懒惰的人花费大量的精力逃避工作，却不愿用相同的精力努力完成工作。他们以为骗得过老板。其实，这种做法完全是在愚弄自己。勤奋真的很难吗？不，勤奋不是天生的，是后天培养出来的习惯。

哈默曾经说过："幸运看来只会降临到每天工作14小时，每周工作7天的那个人头上。"在他的一生中，他是如此说的，也是如此做的。他90多岁时仍坚持每天工作十多个小时，他说："这就是成功的秘诀。"

巴菲特也认为，培养良好的勤奋习惯是获得成功关键的一环。一旦养成了这种不畏劳苦、敢于拼搏、锲而不舍、坚持到底的劳动品性，无论我们做什么事，都能在竞争中立于不败之地。古人云："勤能补拙是良训。"讲的也就是这个道理。

在我们的人生旅途中，最后我们都会产生"勤能补拙"，

第二章
养成勤奋的习惯

"勤奋可以创造一切"这样的感悟。但是，我们会从中受到多少启发呢？我们依旧在工作中偷懒，依旧好逸恶劳，甚至有人把工作当成是一种惩罚。这样的工作态度，可能获取成就吗？在这个人才竞争日趋激烈的职场中要想立于不败之地，唯有依靠勤奋的美德——认真地完成自己的工作，并在工作中不断地进取。

如果你永远保持勤奋的工作状态，就会得到他人的认可和称赞，同时也会脱颖而出，并得到成功的机会。所以，每个人都应该养成勤奋的习惯，做一个勤奋的人，只有如此，才能在当今这个竞争激烈的环境中有立足之地。

收获
在于
勤奋

丢弃懒惰的恶习

　　一个成功者,不仅仅是勤奋者,他们还对那些懒惰的人给予指引,希望他们也勤奋起来;同时,他们也认识到,梦想的实现来源于不懈的努力和非同寻常的付出。机缘只钟情于那些对目标的追求始终如一的人。

　　当然,生活中的大部分人,往往养成了一种拖拉与逃避的习惯。当这种习惯加身时,他们之前的所有努力都将化为乌有,一切的一切都付之东流。所以,在受到拖延引诱的时候,要振作精神,勤奋去做,并且不要想着去做最简单的事,应该去做最难的,在做的过程中,一定要坚持下去。这样,自然就会克服拖延的恶习。拖延是最可怕的敌人,它是时间的偷盗者,它会让你一无所有。

　　有一位老总这样说过:"一个人的品行是多年行为习惯的表现。"是啊,行为重复多次就会变得不由自主,就可以无意

第二章
养成勤奋的习惯

识地、反复做同样的事情，最后不这样做已经不可能了，于是形成了人的品行。因此，一个人的品行受思维习惯与成长经历的影响。一个人在一生中可以做出不同的努力，做出或善或恶的选择，最终决定一生品行的好坏。

懒惰者的重要特征之一就是拖拉，今天的事往往拖到后天才能完成。富有进取精神的人一般都特别厌恶拖延。克服拖拉的方法就是立即行动，立即行动！因为处境的改变源于你的行动。

习惯性的拖延者必定要制造种种借口与托词。与相信"我们只要增强信心，努力工作，就可以完成任何事"的念头相比，寻找"事情太难、太费时间"的理由要简单得多。

拖延是如此的司空见惯，如果你是一个细心人，你将发现，拖延正在无形之中挥霍了我们的生命。

在很多时候，我们常常会为自己找些借口，以使自己轻松、舒服。有的人可以果断地克服惰性，主动迎接挑战；有的人却优柔寡断，被行动和拖拉所困惑，不知如何是好。

拖延如果形成习惯的话就会削减人的意志，使人失去信心，怀疑自己的能力。当然，有时候思考过多、犹豫不决也会造成拖延。谨慎从事是必要的，但过于谨慎则会造成不良后果。

要想尽办法不拖延，在考虑清楚后立即动手。不给惰性任

收获在于勤奋

何机会是对付惰性的最好办法，要把惰性扼杀在萌芽状态，不让它有任何可乘之机。

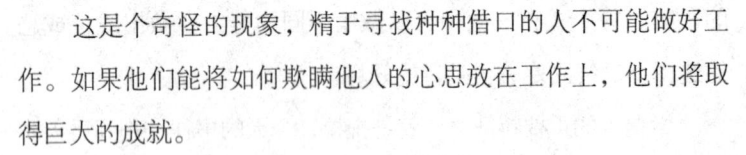

这是个奇怪的现象，精于寻找种种借口的人不可能做好工作。如果他们能将如何欺瞒他人的心思放在工作上，他们将取得巨大的成就。

贪图安逸会使人堕落，无所事事会令人退化，只有勤奋工作才是最高尚的，才能给人带来真正的幸福和乐趣。当人们意识到了这一点，开始改掉自己好逸恶劳的恶习，努力去寻找一份自己力所能及的工作时，境况就会逐渐有所改变。

拖延的习惯往往会妨碍人们做事的进程，因为拖延会摧毁人的创造力。其实，过分的谨慎与缺乏自信都是做事的大忌。放着今天的事情不做，非得留到以后去做，其实在这个拖延中所耗去的时间和精力，就足以把今日的工作做好。所以，把今日的事情拖延到明日去做，实际上是很不合算的。

决定好的事情拖延着不去做，往往还会对我们产生不良的影响，唯有按照既定计划执行的人，才能提升自己的品质，才能使他人敬仰。其实，人人都能下决心去做大事，但只有少数人能够一以贯之地去执行，同时也只有这些少数人才是最后的成功者。

第二章
养成勤奋的习惯

想克服拖延,可以从下面三点开始:

首先,每天要做一件不必由他人指导就能积极完成的工作。

其次,每天至少找出一件对别人有益的事,但不要期望得到报酬。

最后,每天要至少告诉一个人这种主动工作的习惯。

从你的个性中根除拖延的习惯吧,否则的话,它会吞噬你的意志,使你难以取得任何成就。

收获
在于
勤奋

养成立即行动的习惯

一个目标的制定很容易,但是要实现这个目标却可能困难重重。在大家身边永远都不缺乏那些制定良好目标的人,但他们当中能达成目标的并没有几人。也可以这样说,生活中的任何一个人都像一个谋略家。但是,大部分人在制定了目标之后,就把目标收藏起来,没有投入到实际行动中,结果他们只能怀着这个目标一事无成。

也许你会这样想:我制定的目标也许不是最好的,但也不会比别人的差,为什么他们都成功了,我却仍然如此呢?

其实,目标并不表示成功的实现,它只是给你指定一个明确的方向,真正想要获取成功,还需要你去行动,因为行动是成功的唯一途径。目标既然已经制定好,就不能有一丝一毫的犹豫,要坚决地投入行动。推迟行动只会使你延误时间,以致计划成为泡影。

第二章
养成勤奋的习惯

立即行动吧！一切目标的实现，都是从行动开始的。一切的收获与成功同样是从行动开始的。不行动是可怕的，它不仅使自己确定的目标永不可及，还会消磨一个人的意志，使自己慢慢地丧失进取心。看到别人走上铺满鲜花的红地毯，我们总会羡慕。同时也应该问自己："为什么登上成功殿堂的人不是自己？"在回答这个问题时，先看看美国汽车大王福特的一句忠告："不管你有没有信心，去做就准没有错！"这句话告诉我们的就是，只要有了目标就去做，只要努力了就会有所收获。另外还有一句话："机不可失，时不再来。"这句话的意思是告诉我们机遇是转瞬即逝的，在它到来时一定要紧紧抓住，否则就不会再有机会了，这就要求我们要养成立即行动的习惯。

有两个女孩，是同一所学校毕业的。她们有一个共同的梦想，那就是成为电视台的节目主持人。其中一个女孩的父亲是大学的教授，而母亲是一家整形医院的副院长。她的家庭对她有很大的帮助和支持，她完全有机会实现自己的理想。而她自己也认为自己很有这方面的天赋，因为她可以很容易就让别人感到亲近，而且知道怎样从人家嘴里"掏出心里话"。她认为

收获
在于
勤奋

　　自己缺少的就是一次机会，只要给她一次机会，她就肯定能够成功。但是为此她做了什么呢？什么都没有做。她每天只是等待着机会的来临。但是，在这个劳动力市场供大于求的社会，是没有哪家影视公司的主管会到外面去搜寻天才的，他们只等着别人自己送上门来。

　　而另一个女孩，她没有优越的家境，上大学时就为了自己的学费而不得不四处打工。她也没有任何的社会背景，有的只是一个当主持人的梦想。她知道"天下没有免费的午餐"，她唯一可以做的就是不断地努力，为自己创造机会。毕业之后，她开始谋职。她跑遍了每一家电视台，但是没有人愿意用她，因为她没有任何的工作经验。但她没有放弃，没有机会，就要给自己创造机会。后来，她在网上发现一则招聘广告，说是一家广播电台正在招聘播音员。只是那家电台位于南方，离这里很远，而且她也不太适应那里潮湿的天气。但她已顾不得这些了，只要有一次机会，她就不会放过。于是，她立即赶到了那里。在她的努力下，她得到了这份工作。她在那里做了大约两年，便跳槽到了另一家电视台，开始只是做一些零碎的工作，但她却把这些当作锻炼自己的一次机会。又过了几年，她终于

第二章
养成勤奋的习惯

得到了机会,成为自己梦想已久的电视台主持人。

  这个例子告诉大家,机会永远都不会青睐等待者。但是我们大多数人却总会犯这个毛病,认为时间不急或时机尚未成熟,所以一直观望。"明天也不会晚"是这类人最常见的心理,于是日子便在一天天的等待中荒废。

  所以,学学那些成功者吧!因为他们每一个人都善于抓住转瞬即逝的机会,现代社会尤其如此。当今社会,通信技术高度发达,谁先抓住机会,谁就抢先一步,谁就能够成功。有人甚至说,现代社会比的不是学历,不是资本,不是社会背景,而是比一个人的眼光和行动力。你比别人更善于发现机会,比别人更早一步行动,那么你就会成功。的确,丰功伟业的建立,不仅在于能知,更在于能行。我们发现身边有不少的天才,他们头脑灵活,思维敏捷,处事也很圆滑,但事业上却总是徘徊不前。也许他们的收入相当不错,但是凭他们的智慧,他们原可以过得比现在更好,事业上比现在更有成就。仔细分析一下原因,可能就会发现他们性格中有败笔之处,那就是没有立即行动的习惯。无论你有多么伟大的理想,多么美好的愿望,除非你立刻付诸行动,否则一切都只能是空想。

收获
在于
勤奋

保持勤奋的工作态度

没有人能只依靠天分成功,只有通过自己的努力才能走向人生的巅峰。如果你永远保持勤奋的工作态度,你就会得到他人的称许和赞扬,就会赢得老板的器重,同时也会获得更多升迁和奖励的机会。

远大集团的总裁张跃说过,可以毫不夸张地说,远大集团的成功也与我们把辛勤耕耘的理念融入了远大的企业文化中有关。我们知道,"远大"有自己的文化体系,而这个文化体系又需要以辛勤原则为中心的企业理念和视品牌为生命的经营理念为支撑。视品牌为生命这个好理解,但是我们又怎么去理解以辛勤原则为中心呢?这个"原则"是什么呢?

张跃认为:"这两者是一致的,因为辛勤原则是不能改变的,只是有一些人不去尊重它。我们要知道,只有服务工作

第二章
养成勤奋的习惯

做得非常好，让你的服务对象非常满意，你才会有收益。我们是搞工业的，那我们的工业产品就要做得非常好，之后我们工业产品的消费者才会非常满意。所谓原则——自然法则，就是说必须要有很好的种子，有人的辛勤耕耘，这样才会有很好的收获，而且你的付出必须都在收获之前，这都是一些原则。你要把这些原则把握好，不要心存侥幸，不要指望去逾越自然法则，或者说先收获后耕耘，这是不可能的，或者说只收获不耕耘，这是更不可能的了。当然在这个辛勤原则之上，我们还有一个很好的价值观，以这个辛勤原则为基础，作为个人也好，作为一个团体也好，重要的是要稳定，但作为一个原则来说则一定要非常清醒，在这个基础之上，一切东西都会好办的。我觉得作为一个企业家，如果确定了企业价值观之后就好办了，那其他的事情就是个人的工作方法，真的很难说哪种更好。像我这样希望一切都能加以控制也许很好，像某些人那样子，一切事情只相信结果，把架构搭起来，一天开两次会，他相信会有好的结果，也许会有好的结果，因为他下面还有人帮助他控制。所以，这种处事方法就比较次要一些。"

张跃对辛勤有正确的认识，他正是通过贯彻辛勤工作的原

收获在于勤奋

则，才获得了成功。

另外，张跃还这样说道："我不相信机遇，不相信捷径。好多人想找到捷径，但是我并不相信机遇。我总相信，如果说有机遇的话对每个人都是一样的，为什么你抓不到，他抓得到？你可能不够勤奋，导致感觉或直觉比较麻木，而勤奋的人会持续不断地提高自己的素质，变得越来越敏锐。"

拉小提琴入门容易，但要达到炉火纯青的地步需要花费多少的辛劳反复练习啊！有一个年轻人曾问卡笛尼学拉小提琴要多长时间，卡笛尼回答道："每天12个小时，连续坚持12年。"

查理·帕克尔是一位爵士乐史上了不起的音乐家。他曾经在堪萨斯城被认为是最糟糕的萨克斯演奏者。在长达三年的时间里，他的境况糟透了。他甚至连一家可以试演的剧院都找不到。他在逆境中拼搏，通过每天11~15个小时的刻苦练习，三年后，他的独奏变得非常轻盈，又充满惊异和勃勃生机。炉火纯青的技巧终于使他开创了一种前无古人、后无来者的音乐风格。

一个芭蕾舞演员要练就一身绝技，不知道要流多少汗水、饱尝多少苦头，一招一式都要经过难以想象的反复练习。著名芭蕾舞演员泰祺妮在准备她的演出之前，往往得接受她父亲两

第二章
养成勤奋的习惯

个小时的严训。歇下来时真是筋疲力尽！她想躺下，但又不能脱下衣服，只能用海绵擦洗一下，借以恢复精力。舞台上那灵巧如燕的舞步令人心旷神怡，但这又来得何其艰难！台上一分钟，台下十年功！

由此可见，如果你永远保持勤奋的工作状态，你就会得到他人的认可和称赞，同时也会脱颖而出，获得成功。

收获
在于
勤奋

为幸福生活而勤奋

任何一位杰出人物的成功都是吃尽人间诸多苦才奋斗出来的。俗话说："一分耕耘，一分收获。"怕吃苦，图安逸，是成不了大事的。成功有多种因素，环境、机遇、学识等外部因素固然都很重要，但更重要的是依赖自身的努力与勤奋。缺少勤奋这一重要的基础，哪怕是天赋异禀的鹰也只能栖于树上，望天兴叹。有了勤奋和努力，即使是行动迟缓的蜗牛也能雄踞山顶，观千山暮雪，望万里层云。

美国伟大的政治家亚历山大·汉密尔顿曾经说过："有时候人们觉得我的成功是因为自己的天赋，但据我所知，所谓的天赋不过就是努力工作而已。"

王杰每天都要从家里徒步行走6千米的路到学校读书。假期，他仍然要走6千米路到城里去打工。在那里，他帮人洗碗，一

第二章
养成勤奋的习惯

个月能得到300元的工资，晚上回到家还要做假期作业，一直到很晚才能睡觉。他这种勤奋刻苦的精神，让很多人都深受感动。

几年后，王杰毕业了，到了一家小公司做职员。在公司里，他勤奋刻苦，努力工作，不断地向上攀登，不久王杰自己创办了一家公司，经过多年的勤奋经营，王杰成为远近闻名的富人之一。后来，他对自己的成功这样说道："勤奋敬业的精神是走向成功的坚实基础，只要你有了这种精神，它就会像一个推动器一样，把你一直向前推。我的成功很显然就是勤奋的结果。"

美国的政治家丹尼尔·韦伯斯特在70岁生日时谈起他成功的秘密时，说："努力工作使我取得了现在的成就。在我的一生中，还没有哪一天不是在勤奋地工作。"

所以，勤奋地工作被称为"使成功降临到个人身上的信使"。

与勤奋相反的则是懒惰，一个人要想成功，首先要做的一件事，就是把懒惰消灭掉。你不妨自问，靠自己能否生存下去，如果不能，那么你必须靠你的勤奋去创造自己生存的空间。如果你认为你能生存下去，那么，你更应该用勤奋去创造更美好的生存条件。只有这样，你才是一个有价值的人。

收获在于勤奋

"勤能补拙"是千古不变的良训。一分辛劳,一分收获。只有勤奋的人才能打败所遇到的挫折与困难,最终向成功的方向迈进。

有一个男孩,他出身贫寒,学历不高,连小学还没有毕业,可他是一个不愿服输的人。小的时候,他每天都会抽一些时间跑到学校里去偷听老师讲课,还会向一些伙伴求教。长大以后,他每天晚上都要工作到夜里12点以后,第二天,依旧6点钟就起床了。正是因为他的努力工作,所以他取得了很大的成就。后来,他成为一个优秀企业家,荣登杰出青年榜。

命运掌握在自己的手上,如果你一生都勤勤恳恳,那么你一生都是幸福的,即使你的智力比别人差一些,你也会在日积月累中弥补你的缺陷。正如一位成功学者所说的:"如果你永远保持勤奋的工作状态,你就会得到他人的认可和称赞,同时也会脱颖而出,并得到成功的机会。做一个勤奋的人,阳光每天的第一个吻,肯定先落在你的脸颊上。"

勤奋本身还是一种财富。如果你是一个勤奋、肯干、努力

第二章
养成勤奋的习惯

的员工,那么,你就会像蜜蜂一样,采的花越多,酿的蜜也越多,享受到的甜美也越多。

任何一个人的成功,都是不停努力的结果。工作中,为了取得更好、更大的成就,就必须不断地努力奋斗。如果你是一个有远大目标的人,想成为一个事业有成的人,那么,应该认真地问问自己,你是不是一个勤奋的人,因为这对你的成功非常重要。

观看财富英雄榜时,我们都会得到一个结论,那些成功者都有一个共同的特点:他们都是勤奋者。所以,在这个世界上,投机取巧是走不出成功之路来的,偷懒更是永远没有出头之日。我们必须让自己勤奋起来,只有如此,才能换取明日的舒适生活。

收获在于勤奋

养成勤奋的习惯

养成一个好的习惯,将会让你一生都受益。正如培根所说,"习惯是人生的主宰"。

在小的时候,老师、家长都会要求大家养成早睡早起的习惯,这是所有人都耳熟能详的一句话,同样这也是一句很有道理的话。因为,在经过一夜的休息后,使得人们的身体得到全面的放松,精力充足,头脑清醒,记忆力也进入最好的状态,而且每一天的清晨空气清新,正是人们进行锻炼的时候。也有一些人认为,保持健康可以通过充分的休息来做到。但是有一点可以确定,那就是早上起床后人们的精神会是最好的。

有的人不仅起得早,而且还能够在清晨把自己一天的工作计划做好。正是因为如此,这些人一天的工作都会很顺利,而且完成的时间比那些没有计划的人更快。相反,那些起得晚且做事拖拖拉拉的人,做事总是在别人的后面,一直都在追前面的人。

第二章
养成勤奋的习惯

对自己每天需要做的事做一个计划，并早早地做好准备投入一天的工作中。这样，饱满和兴奋的情绪会给人的思想和言行注入令人振奋的力量，使人一整天都干劲十足。那些起得晚的人总是为自己开脱，说他们和那些起得早的人干的活一样多，却没有获得满意的效果，这样说可能有一定道理。早起的人一整天都会生气勃勃，干劲十足，工作效率会更高。

一个良好的习惯是一个人成功的基础。一个人只要养成了勤奋的习惯，那么，他的人生也会是另一番景象。

要想改变自己的命运，首先要改变自己的习惯，培养一个好习惯。一个坏习惯多于好习惯的人，他的人生是向下沉沦的；而一个好习惯多于坏习惯的人，他的每一天都是积极的、充满活力的。

18世纪法国哲学家布丰25岁时定居巴黎。他有晚起的惰性，想克服，终未见效。后来他请了一个彪悍的仆人来监督自己。他和仆人讲明：不管他晚上多迟才睡觉，每天早上5点钟必须把他叫醒，叫不醒他，可以拖他起来，他要是发脾气，仆人可以动武，如果仆人没有做到要受罚。这位仆人忠于职守，终于使布丰每日清晨就起床，然后看书、运动。

收获
在于
勤奋

要勤奋必须要经受一定的辛苦,因为在我们勤奋工作的时候,尽管还没得到成功的报答,却已先磨炼了自己的意志,培养了自己的坚韧,这难道不是一种收获吗?

业精于勤而止于惰,勤奋从来就是一切成功者共有的品格。天下没有不劳而获的东西,所有的一切,都要靠勤奋努力去获取。有了勤奋的良好习惯,还应该有严格的时间观念。我们每个人一天都拥有24个小时,但在这同样的时间里,不同的人有不同的收获。"天道酬勤"就是说老天爷会眷顾那些勤劳的人。时间是一笔无形的财富,你要学会充分利用它。浪费时间是可耻的,因为时间是世界上最宝贵的东西,它如流水,一去不复返。古语有云:一寸光阴一寸金,寸金难买寸光阴。可见我们的祖先早就意识到这个问题了。

朱自清曾在著名的散文《匆匆》里这样写道:"洗手的时候,日子从水盆里过去;吃饭的时候,日子从饭碗里过去;默默时,便从凝然的双眼前过去。我觉察他去得匆匆了,伸出手遮挽时,他便从遮挽着的手边过去;天黑时,我躺在床上,他便伶伶俐俐地从我身上跨过,从我的脚边飞过。等我睁开眼和太阳再见,这又算溜走了一日。我掩着面叹息。但是新来日子的影子,又开始在叹息里闪过了。"

第二章
养成勤奋的习惯

时间的流逝就是这样无情、可怕，没有人可以挡住它们的脚步。

赫胥黎曾很形象地说过："时间是最不偏私的，给任何人都是24小时；同时时间也是最偏私的，给任何人都不是24小时。"而聪明人总会千方百计地利用时间，好多卓有成就的人都是珍惜时间的典范。

曾有人夸赞鲁迅是天才，鲁迅说："哪里来的天才，我只是把别人喝咖啡的时间都用在了写作上。"

只有懂得珍惜时间的人，才懂得生命的可贵；只有懂得充分利用时间的人，才能取得更加骄人的成绩。

收获
在于
勤奋

勤奋是一种美德

奋斗的精神是一种极为难得的美德，它能帮助任何人在不被老板或领导吩咐的情况下去做每一件事。只要你多注意就会发现在你身边的那些成功者，他们都有着勇往直前、不满足于现状的进取心，都是一位永不停息的斗士。

现实生活中，有许多人都有很好的想法，但只有那些勤奋、努力地付出了辛勤劳动的人，才有可能取得令人瞩目的成绩。同样地，公司的生存是需要每一位员工付出努力才能换取的，当你的公司在死亡边缘时，勤奋刻苦、努力工作的精神更加重要，而你的这种态度会为你带来更多的回报。

如果说勤奋刻苦、努力上进是一所高贵的学校，那么所有想有所成就的人都必须进入其中，也只有在那里，才会学到有用的知识，才会让自己有足够的资本独自生存下去。

成功需要刻苦地工作。作为一名普通的员工，你更要相

第二章
养成勤奋的习惯

信,勤奋是检验成功的第一道关口。即使你天资一般,只要你勤奋工作,就能弥补自己的缺陷,最终成为一名成功者。

相反,懒惰会吞噬人的心灵,甚至使人对那些勤奋的人充满了忌妒。

很多大公司的员工虽然受过职业训练,知识广博,薪水不菲,有着令人羡慕的职业,但他们往往并不愉快!他们孤独、紧张、未老先衰,无论是身体健康,还是心理健康,都令人担忧。他们的工作往往是为了生存,因而也就常常视工作如累赘。

如果你在工作中如愿以偿地得到了乐趣,就不要轻易变动。但如果觉得工作压力日益增大,情绪日益紧张,在工作中体会不到乐趣,没有成就感,这就有些不对劲了,这就需要我们从心理上调节自己,否则,再换工作也无济于事。

如果工作时能精益求精,满怀热忱,无论干什么,我们都不会觉得辛苦。以最热忱的态度去做最平凡的工作,你可以成为最出色的艺术家;以最冷淡的态度去做最不平凡的工作,你永远不可能成为一名艺术家。行行有机会,行行出状元,我们没有任何理由藐视任何一项工作。

懈怠会引起无聊,无聊便会导致懒散。相反,工作可以引发兴趣,兴趣则促成热忱和进取心。克服懒惰,就要选择你最

收获在于勤奋

擅长、最乐意投入的事，然后付诸行动！

实际上，在勤奋中你与老板获得了双赢，勤奋不只是为老板负责，更重要的是对自己负责。试想，一家公司不大可能因为你一个人的懒惰而一败涂地，但是因为你个人的懒惰，你可能一辈子都会一事无成。所以，你用不着抱怨，更不必自怨自艾，你需要做的仅仅是勤奋工作。

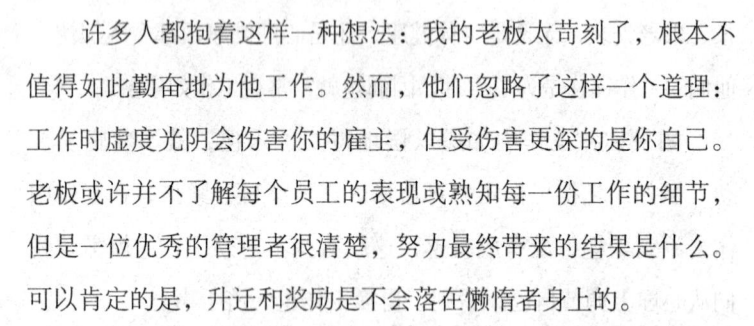

许多人都抱着这样一种想法：我的老板太苛刻了，根本不值得如此勤奋地为他工作。然而，他们忽略了这样一个道理：工作时虚度光阴会伤害你的雇主，但受伤害更深的是你自己。老板或许并不了解每个员工的表现或熟知每一份工作的细节，但是一位优秀的管理者很清楚，努力最终带来的结果是什么。可以肯定的是，升迁和奖励是不会落在懒惰者身上的。

第二章
养成勤奋的习惯

把握生命的每一天

在一个古老的原始森林里,阳光明媚,鸟儿欢快地歌唱,辛勤地劳动。其中有一只寒号鸟,有着一身漂亮的羽毛和嘹亮的歌喉。它到处卖弄自己的羽毛和嗓子,看到别人辛勤劳动,反而嘲笑不已,好心的鸟儿提醒它说:"快垒个窝吧!不然冬天来了怎么过呢?"

寒号鸟轻蔑地说:"冬天还早呢,着什么急!趁着今天大好时光,尽情地玩吧!"

就这样,日复一日,冬天眨眼就到了。鸟儿们晚上躲在自己暖和的窝里安乐地休息,而寒号鸟却在寒风里,冻得发抖,用美丽的歌喉悔恨过去,哀叫未来:"哆啰啰,寒风冻死我,明天就垒窝。"

第二天,太阳出来了,万物苏醒了。沐浴在阳光中,寒号鸟好不得意,完全忘记了昨天的痛苦,又快乐地歌唱起来。

收获在于勤奋

鸟儿劝他:"快垒个窝吧,不然晚上又要发抖了。"

寒号鸟嘲笑地说:"不会享受的家伙。"

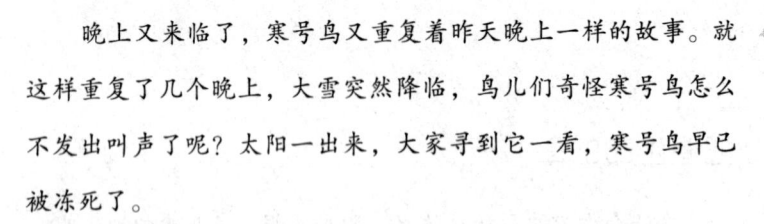

晚上又来临了,寒号鸟又重复着昨天晚上一样的故事。就这样重复了几个晚上,大雪突然降临,鸟儿们奇怪寒号鸟怎么不发出叫声了呢?太阳一出来,大家寻到它一看,寒号鸟早已被冻死了。

生活中的我们不也会因为得过且过,让自己错过许多本来可以得到的东西吗?

总是有人会说,还有明天。可是,明天还有明天的事要做。对于那些珍惜时间的人而言,今天才是最珍贵的,今天的成就就是明天更好的开始。没有今天,明天就会一无所有。所以,他们会抓住今天的时光,为自己积累财富。而那些总想着还有明天的人,永远都不会有成就。

如果你还希望自己能够成为一名卓有成就者,那么,你必须从今天开始做起,也唯有从今天开始做起!切勿依赖明天。

如果你总是把问题留到明天,那么,明天就是你的失败之日。同样,如果你计划一切从明天开始,你也将失去成为行动者的所有机会,明天,只是你愚弄自己的借口罢了。

第二章
养成勤奋的习惯

著名作家玛丽娅·埃奇沃斯对于"从今天做起"而不是"从明天开始"的重要性有着深刻的见解。她在自己的作品中写道:"如果不趁着一股新鲜劲儿,今天就执行自己的想法,那么,明天也不可能有机会将它们付诸实践;它们或者在你的忙忙碌碌中消散、消失和消亡,或者陷入和迷失在好逸恶劳的泥沼之中。"

阿塔瑞公司的创始人,电子游戏之父诺兰·布歇尔在被问及企业家的成功之道时,他这样回答:"关键便在于抛开自己的懒惰,去做点什么,就这么简单。很多人都有很好的想法,但是只有很少的人会即刻着手付诸实践。不是明天,不是下星期,而是今天。真正的企业家是一位行动者,而不是空想家。"

从空想家到行动者的转变不可能不疼不痒,我们需要付出极大的努力才能得以实现。但是,这一转变又是现实的。"总有一天我会长大,我会从学校毕业并参加工作。那时,我将开始按照自己的方式生活……总有一天,在偿清所有贷款之后,财务状况会走上正轨,孩子们也会长大,那时,我将开着新车,开始令人激动的全球旅行……总有一天我会考虑退休,我将买辆漂亮的汽车开回家,并开始周游我们伟大的祖国,去看

收获在于勤奋

—看所有该看的东西……总有一天……"

我们总是自欺欺人地暗示自己只需等待，美好的未来便会自然而然地出现。某个时刻，以某种方式，在某一个场景下，它会出现。然而，就是这个画饼充饥的愿望，却无孔不入地侵蚀着我们的灵魂，招摇于我们的生活之中。

如果我们希望取得某种现实而有目的的改变，那么，我们必须采取某种现实而有目的的行动，这对于我们是否能够主宰自己的生活至关重要。

俄国著名作家列夫·托尔斯泰说过："记住，只有一个时间最重要，那就是现在！它之所以重要，就是因为它是我们唯一有所作为的时间。"

依文斯生长在一个贫苦的家庭里，起先靠卖报来赚钱，然后在一家杂货店当店员。

八年之后，他才鼓起勇气开始自己的事业。然后，厄运降临了——他替一个朋友担保了一张面额很大的支票，而那个朋友破产了。祸不单行，不久，那家存着他全部财产的大银行倒闭了，他不但损失了所有的钱，还负债近两万美元。

他经受不住这样的打击，绝望极了，并开始生病。有一

第二章
养成勤奋的习惯

天,他走在路上的时候,昏倒在路边,以后就再也不能走路了。最后医生告诉他,他的生命只有两个星期的时间了。

想着只有十几天了,他突然感觉到了生命是那么的宝贵。于是,他放松了下来,好好把握着自己的每一天。

奇迹出现了,两个星期后依文斯并没有死,六个星期以后,他又能回去工作了。经过这场生死的考验,他明白了自寻烦恼是无济于事的,对一个人来说最重要的就是要把握住现在。他以前一年曾赚过两万美元,可是现在能找到一个礼拜三十美元的工作,就已经很高兴了。正是凭借着这种心态,依文斯的进展非常快。

不到几年,他已是依文斯工业公司的董事长了,而且在美国华尔街的股票市场交易所,依文斯工业公司是一家保持了长久生命力的公司,正是因为学会了只生活在今天的道理,依文斯取得了人生的胜利。只有好好地把握住今天,才能创造美好的明天。

确实,成功者都知道"今天"意味着什么。俄国作家赫尔岑认为,时间中没有"过去"和"将来",只有"今天"才是

收获
在于
勤奋

现实存在的时间,才是实实在在的、最有价值和最需要人们利用的时间。

昨天属于死神,明天属于上帝,唯有今天属于我们,只有好好地把握住今天,我们才能充分利用好每一个今天,才能摆脱昨天的痛苦和失败,才能创造美好的明天。

第二章
养成勤奋的习惯

勤奋让自己更聪明

1910年,华罗庚出生在江苏省的一个小县城。小时候,父亲在小镇上开了个小杂货铺,代人收购蚕丝,生活很贫困。华罗庚上初中时,对数学产生了特殊的兴趣。他的老师王维克很看重这个聪明机灵的少年,常常单独辅导他,给他出一些难题做,这使得少年华罗庚受益匪浅。

华罗庚初中毕业后,因家里无力再供他上学,辍学在父亲的小杂货铺里帮助料理店务。可这位酷爱数学的年轻人,人虽然守在柜台前,心里琢磨的还是数学。王维克老师借给他几本数学教材:一本大代数、一本解析几何、一本微积分。华罗庚便跟着这几位不会说话的老师步入了高等数学的大门。在他18岁那年,在王维克老师的帮助下,在中学当了一名会计,同时兼管一些学校事务。后来他曾回忆当时艰难的生活:"除了学校里繁重的事务外,早晚还要帮助料理小店。每天晚上大约8点钟才能回

收获
在于
勤奋

家，清理好小店的账目之后，只有在深夜才能钻研数学。"

华罗庚不幸染上伤寒，病好后，留下了后遗症，但他在贫病之中刻苦自学，不但读了许多书，而且还勤于独立思考，敢于向权威挑战。19岁那年，他发觉一位大学教授的论文写错了，便把自己的看法写成一篇文章，题目叫《苏家驹之代数的五次方程式解不能成立之理由》，于次年发表在上海的《科学》杂志上。随后，华罗庚又连续发表了几篇数学论文，署名"金坛人"。

这个在数学论坛上崭露头角的"金坛人"，引起了清华大学数学系主任熊庆来教授的注意，他对这位数学天才很在意，便写信邀请华罗庚到清华大学数学系当管理员。到清华后，华罗庚的进步更快了，他自学了英语、德语。24岁时，已能用英文写数学论文。25岁时，他的论文已引起国外数学界的注意。28岁时，他当上了西南联大教授。后来，他又被熊庆来教授推荐到英国剑桥大学去深造。在走过坎坷的自学之路后，他成了世界著名的数学大师。

1950年的一天，这位已担任了中国科学院数学研究所所长的著名教授，在填写户口簿时，在"文化程度"一栏里写了

第二章
养成勤奋的习惯

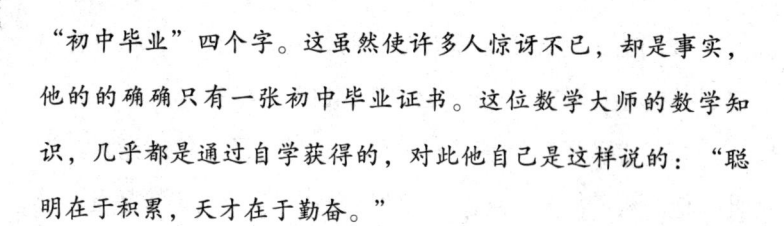

"初中毕业"四个字。这虽然使许多人惊讶不已，却是事实，他的的确确只有一张初中毕业证书。这位数学大师的数学知识，几乎都是通过自学获得的，对此他自己是这样说的："聪明在于积累，天才在于勤奋。"

我们每个人都向往成为天才，羡慕他们取得的成就。其实不必这样，我们之所以不能成为天才，是因为还没有找到自己最确切的目标，另外，还说明我们下工夫的火候欠佳。古往今来，哪一个天才人物不是经过持之以恒的劳动才成功的呢？

苏联作家高尔基说过："天才就是劳动，人的天赋就像火花，它既可以熄灭，也可以旺盛地燃烧起来，它成为熊熊烈火的方法只有一个，那就是劳动。"所以，坚持不懈的劳动可以成就一个天才，它虽然是一件苦差事，但却是成功的必经之路，不经历风雨，怎么见彩虹？

人们都想成为天才，都想有一番作为的想法是可贵的，但如果不想流汗，只想轻松地去摘取劳动果实的话，这是不现实的，无异于天方夜谭。相反，一个人如果能够以忘我的精神，勤恳地去做事业，以勤奋来不断地鞭策自己，那么他离成功就会越来越近。

收获在于勤奋

我国古人对此很早就有深刻的体会，说什么"吃得苦中苦，方为人上人""天上不会掉下馅饼"，等等。

曹雪芹为了写巨著《红楼梦》，付出了十年的光阴。为此，他注入了很多心血，正如他所言："字字看来皆是血，十年辛苦不寻常。"《红楼梦》对文学的影响是深远而无可代替的，很多文学青年对曹雪芹也是非常崇拜。

法国作家福楼拜曾经住在一个靠近法国塞纳河畔的别墅里。在那里，福楼拜常常是通宵达旦地奋笔疾书，书桌上的那盏灯彻夜不熄灭，很多打渔的渔民都把他书桌上的那盏灯当作指示方向的"灯塔"。很多渔民说："在这段航线上，要想不迷失方向，就以福楼拜先生的灯光为目标。"正是福楼拜这种勤奋写作的精神，使他成为闻名于世的著名作家，其很多作品对后人产生了极大影响。

唐代大诗人李白认为只要勤奋，即使铁杵也能磨成针。

伟大的革命导师马克思，为了写作《资本论》花了40多年的时间，他仔细钻研过的书籍竟有1000多种。在写作的过程中，他几乎每天都要跑到图书馆去查阅大量的详细资料，经常工作到深夜。日久天长，把图书馆的地板都踏出一条沟印。经过勤奋的学习和研究，最终完成了具有重要影响的巨著《资本论》。

第二章
养成勤奋的习惯

卡莱尔说:"天才就是无止境的、刻苦勤奋的能力。"我们都听过"闻鸡起舞"的故事,说的是祖逖小的时候是一个勤奋习剑的少年,半夜里一听到鸡叫,就赶快起来,习武练剑。年复一年,从没间断。终于,他的勤奋刻苦换来回报:他有了统兵打仗的本领,后来被封为将军。

我国著名数学家华罗庚说:"难最怕刻苦与顽强,年继年,战果数不完。"很多被认为是天才的科学家身居恶劣的成长环境,靠的就是不断地打拼、奋斗,才取得了令世人瞩目的成就。

写下一个"勤"字,刻在你的脑子里,写进你的日记中,捂在你的心坎上,落实在你的行动中,让懒惰远离自己,让勤奋永远伴随我们。在此再重复一下爱迪生的话:"天才是1%的天赋再加上99%的汗水。"那就让我们以勤奋为帆,去乘风破浪前进吧!

收获
在于
勤奋

热情是勤奋的一种精神力量

拥有热情,你才能拥有更加幸福、美满的生活。热情是发自我们内心,又深入到我们内心的一种精神力量。如果你的内心充满了帮助他人的欲望,那种振奋人心的精神不只会让你兴奋,也会感染到他人,让大家朝着同一个方向努力。相反,那些缺乏热情的人,他们难以成就大事,因为一个没有热情的员工根本不可能始终如一地、尽职尽责地完成本职工作。

热情是我们个性的原动力,它将我们内心的一切都表现出来,当我们热情地工作时,工作将不再是一件苦累死板的活,而是一件让人快乐的游戏。失去热情,我们所拥有的任何能力都得不到发挥。哲学家尼采、柏格森等认为,生命的本质就是激昂向上、充满创造冲动的意志。因此,拥有生命的我们,一定要使生命充满活力和热情,要使工作充满热忱和欢快。

美国微软集团公司的一名管理者说过这样一句话:"我们

第二章
养成勤奋的习惯

欣赏那些满腔热情地投入工作、将工作看作是人生的快乐和荣耀的人。热忱是战胜所有困难的强大力量,它使你全身所有的神经都处于兴奋状态,去实现你梦寐以求的事,它不能容忍任何有碍于实现既定目标的干扰。"也正是因为如此,所以微软在招聘员工时最看重的就是那些满怀热情的有为青年。微软的一个人事主管曾对记者这样说道:"我们愿意招收的人,他首先应是一个非常热情的人,应该对工作热情、对技术热情、对公司热情、对同事热情。有时候在一个具体的工作岗位上,你们会觉得奇怪,怎么会招这么一个人,他的资历不深,年纪也不大,能胜任这个工作吗?其实,你只要和他谈过一次话,你就会受到他的感染,愿意给他一个机会,这就是他所怀有的热情感染了你。"由此可见,热情对于我们生活的重要性。

一个人只要能全身心、满腔热情地投入工作中,那么无论你做什么工作,都会有所发展。因为以热情的态度对待工作,不仅可以提升你的工作业绩,还可以给你带来许多意想不到的成果。

有这样一家公司,在一年前,公司里的员工们脸上常常挂着一脸的疲劳,大部分员工都对自己的工作感到了厌倦,有一

收获在于勤奋

部分人已经开始写辞职报告准备走人了。这家公司的业绩也非常糟糕。可一年后，这家公司却变了一个样，公司里的员工都充满了热情，公司的业绩也相当出色。这是什么原因呢？

一年前，正当公司的大部分员工要辞职走人的时候，公司里来了一位叫宇晨的主管，年龄不大，才25岁。宇晨来到公司后，他改变了这里的一切。他对待工作充满了热情，这种精神状态燃起了其他员工胸中的热情火焰。

每天宇晨都是第一个到公司，遇到每一个员工，他都微笑着打招呼。工作时，他容光焕发，就像生活又焕然一新。中午休息时，他会给员工讲一些有趣的小故事，还给员工们买来一套音响，在饭后放一些火爆的音乐给员工听，看到员工疲劳的时候他又会放一些舒缓的音乐。在工作的过程中，他调动自己身上的潜力，开发新的工作方法。在他的影响下，那些将要离开的员工也留了下来，并且像宇晨一样，早来晚归，斗志昂扬，纵然有时候腹中饥饿，也舍不得离开自己的工作岗位。每到周六、周日，大部分员工都会来到公司，他们上午加班工作，到了下午就在公司里搞活动。

如此过了一年，这家公司已经是一个充满了活力、业绩不

第二章
养成勤奋的习惯

断上升的优秀公司了。在那里的每一位员工对待自己的工作都充满了热情和骄傲,宇晨也坐上了公司副总的位子。

热情是一把烈火,它可以燃烧起成功的希望。任何人要想获取成功的希望,必须将梦想转化为有价值的献身热情,并满怀激情地发展和推销自己的才能。

第三章 积极主动地工作

第三章
积极主动地工作

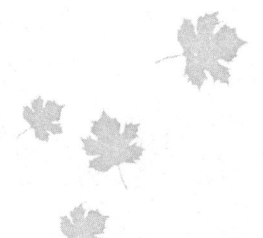

积极主动地工作

　　积极主动是每一个追求成功的人都应该具备的一种素质。任何一名想获取成功的人,都应该学会积极主动地工作,要比老板更加积极主动。因为积极主动的人在他身上有一种朝气蓬勃的动力,所以会比其他人更容易成功。

　　积极主动,还让我们热情洋溢地去找事情来做,而不是痴痴呆呆地等待事情。有一位名人曾经说过:"机会不是等来的,而是积极主动去争取来的。"是啊,如果你不积极主动,那么,你这一辈子必将一事无成。而那些名人,往往都是揣着一颗积极主动的心去做好一件事,积极主动地去寻找机会。

　　弗兰克最初是一位受弗洛伊德心理学派影响极深的决定论心理学家。然而,他在纳粹集中营里经历的一段艰难的岁月,使他开创出独具一格的心理学流派。

收获
在于
勤奋

弗兰克的父母、妻子、兄弟全都死在了纳粹魔掌之下,而他本人也在纳粹集中营里受到了严刑拷打。有一天,他赤身独处于囚室之中,突然间有了一种全新的感受,也许,正是集中营里的恶劣环境让他猛然觉醒:在任何极端的环境里,人们总会拥有一种最后的自由,那就是选择自己态度的自由。

弗兰克的意思是说,当一个人极端痛苦而得不到别人的帮助时,他依然可以自行决定他的人生态度。在最为艰苦的岁月里,弗兰克选择了积极向上的人生态度。他并没有悲观绝望,反而是在脑海中设想,自己在获释之后应该怎样站在讲台上,把这一段痛苦的经历介绍给自己的学生。正是凭着这样一种积极而乐观的思维方式,他在狱中不断磨炼自己的意志,一直到自己的心灵超越了牢笼的禁锢,在自由的天地里任意驰骋。

弗兰克在狱中发现的这个思维方式,正是我们每一个追求成功的人所必须具有的人生态度——积极主动。具备了这种主动精神,就会使你无论在哪一个领域,都能够脱颖而出。

一位成功人士讲述了自己的经历:

第三章
积极主动地工作

50年前，我开始踏入社会谋生，在一家五金店找到了一份工作，每年才挣75美元。有一天，一位顾客买了一大批货物，有铲子、钳子、马鞍、盘子、水桶、箩筐等等。这位顾客过几天就要结婚了，提前购买一些生活和劳动用具是当地的一种习俗。货物堆放在独轮车上，装了满满一车，骡子拉起来也有些吃力。送货并非我的职责，而完全是出于自愿——我为自己能帮忙运送如此沉重的货物而感到自豪。

一开始一切都很顺利，但是，车轮一不小心陷进了一个不深不浅的泥潭里，使尽吃奶的劲都推不动。一位心地善良的商人驾着马车路过，用他的马拖起我的独轮车和货物，并且帮我将货物送到顾客家里。向顾客交付货物时，我仔细清点货物的数目，一直到很晚才推着空车疲倦地返回商店。我为自己的所作所为感到高兴，但是，老板并没有因我的额外工作而称赞我。

第二天，那位商人将我叫去，告诉我说，他发现我工作十分努力，热情很高，尤其注意到我卸货时清点物品数目的细心和专注，因此，他愿意为我提供一个年薪500美元的职位。我接受了这份工作，并且从此走上了致富之路。"

收获
在于
勤奋

　　积极主动，从字面上看起来容易理解，但是有多少人会做到积极主动呢？

　　积极主动，只靠口说而不去做是不行的。我们每个人都要记住，没有好处的积极主动比消极等待要好上千万倍。

第三章
积极主动地工作

养成积极主动的习惯

美国钢铁大王卡内基说:"有两种人永远都会一事无成,一种是除非上司要求他去做,否则决不主动的人;一种是即使上司要求他去做,也做不好事情的人。那些不需要别人催促,就积极主动去做应做的事情,而且不会半途而废的人一定会成功。这样的人懂得要求自己多付出一点儿。"

任何想在职场上做出成就的人,都需要有一种积极主动的态度。如果你对自己的要求比上司对你的期望更高,那么你就不用担心失去工作。积极主动地去工作,才能充分体现你在自己所在的公司、工作岗位上的价值,才能让你不断得到加薪和升职。

很多时候我们的努力付出并没有被上司发现,也没有得到相应的回报,即使这样我们也没有必要沮丧。可以换一个角度想想:"现在积极主动地工作,并不是为了即时的回报,而是为了

收获在于勤奋

将来更好的发展，是为自己的能力不断得到锻炼和提高。虽然薪水要努力多赚，但是也要把眼光放得长远一些，现在积极主动地工作不求回报，是为了未来获得更多的收入奠定基础。"

对于积极主动的人来说，很多事情都是不用上司交代的。赵丹是一家杂志社的编辑，每到年终节日的时候编辑部门都要针对下一年的市场行情做专题，对这一年的情况进行盘点。赵丹都是在部门的选题策划会召开之前，收集相关的资料，浏览同行业的年终盘点。

部门里还有一位同事，一到分配选题的时候，总编就头疼，这个同事跟赵丹完全不同，总是有很多问题要问，选题的侧重点是什么，请多少个名人合适，在哪里搞活动效果好……面对这样的下属，再有耐心的上司也会烦，这些本来都是应该下属发挥主观能动性自己去做的事情，却一遍又一遍喋喋不休地问领导。

每个上司都希望自己的员工能够积极主动地工作，而且是思考着去工作，而不是每一个细小的问题都要请示。对于领导布置的任务，说一点就做一点，不说就干脆不做的员工，没有人会欣赏，更没有哪一个上司愿意招聘来的员工都是"机器"员工，发个指令，按下电钮才会工作。只有那些灵活掌握上司

第三章
积极主动地工作

意思,并充分发挥自身智慧和才能去工作的员工,才是企业真正需要的人。

大多数上司都不会要求员工主动工作,但是作为一名优秀的员工应该牢牢记住:上司聘你来工作,是要你为公司创造利益的,你应该时刻想着,用自己的才能和判断力,判断出公司和上司的需要,主动出击。

我们应该怎样才能做到积极主动地去工作呢?

(1) 具备主人翁意识,把公司当成自己的公司,公司的事情当成自己的事情,并为之尽心尽力。一个跟公司同患难共风雨的人,对公司都是尽心呵护的,就像是在呵护自己的爱人和家。想使自己的家庭富裕美满,生活越来越好,作为家里的主人,他知道该怎样去为之付出努力。

如果每一个员工都能像精心呵护自己的小家庭一样对待自己所在的公司,与公司荣辱与共,他肯定会为公司的发展积极工作,不用任何人的监督和督促。

(2) 摆正个人与公司的关系。公司与个人的关系是大河和小河的关系,一荣俱荣,一损俱损。只有公司不断发展,你的薪水才能不断增加。如果公司这条大河里都没有了水,你这条小河又怎能水源充足,肥美滋润呢?因此,要把自己的个人

**收获
在于
勤奋**

目标跟公司的统一起来,这样你才能积极主动地去工作。你对工作尽职尽责,公司的目标达到了,个人的职业目标也就会实现。否则的话,只注重自我追求,对工作敷衍了事,没有哪一个上司会信任这样的员工,这样的人也迟早会被淘汰,更别说实现个人的理想和抱负了。

(3)具备敬业精神,积极主动工作。敬业不仅是一种职业生存方式,还是一个人职业道德的表现。敬业要求员工尽心尽力地工作,积极主动,忠于职守。只有具备了这样一种精神,在工作中你才能成就自己。

第三章
积极主动地工作

培养积极主动的品质

在摩托罗拉公司手机研发部工作的琼斯最近一直比较郁闷，同事见他一副愁眉不展的样子，开玩笑地说："琼斯先生什么地方都好，就是太不知足了，作为咱们研发部门，只要完成公司下达的研发任务就可以了，这样薪水就比生产和销售的都多，应该高兴才是！"

另一个同事也说："研发方面，琼斯是专家，应付公司分下来的任务绰绰有余，为什么还整天思虑重重的样子？"

琼斯说："我不是因为任务是否能完成，而是觉得我们这样整天坐在办公室里，除了完成公司交给的任务，就什么都不做了。现在市场竞争这么激烈，我们能不能主动地做一些工作，给公司拿出一些新颖的创意来？"

尽管同事们都觉得摩托罗拉已经成为全球最大的手机开发商，完全没有必要担心市场竞争激烈被挤掉，琼斯还是暗下决

收获在于勤奋

心,要在完成公司任务的基础上更加努力地工作,让摩托罗拉手机在自己的研发下有一个飞跃。

不久,琼斯就研发出了一款集音乐、视频观看、录像摄像于一体的多媒体手机,并且在市场上反响非常好。主管对于琼斯的积极主动很是赏识,不久,琼斯就升职为研发部的总监助理。

琼斯不仅在积极主动工作的过程中实现了自身的价值,而且还得到了晋升的机会。

如果你想在工作中做出优异的成绩,就必须积极主动地做事,而不能一味地等着上司来给你分配工作。只有做到积极主动,才能更加愉快地去完成工作。

任何人在工作中都要保持一种主动工作的态度,让工作成为一种追求,而不是每天混日子。纵使面对缺乏挑战的工作,也要给自己找到快乐,自觉主动地去做,终能获得回报。

当你还是一名新员工的时候,就应注意养成自发工作的习惯,你的努力一定能被公司和上司发现。在工作中要相信自己的能力和努力,即使你的能力还不是最强的,但是只要认真负责地去做,每天都有所进步,过不了很久,就一定能做出业绩。

很多公司员工做事时都没有雷厉风行的特点,一项工作布

第三章
积极主动地工作

置下来，他们不是马上行动，而是先在那儿聊会儿天，讨论一下。在完成工作的过程中，没有严格的规章制度，能拖就拖，本该两个月完成的事情，半年以后才刚刚进行了一半。

胡颖在一家保健品公司工作了三年多，公司的效率极低，上司大部分时间都在忙客户的事情，对于细节管理不太注意，虽然也注意到有这样的问题，但是由于人手有限，拖沓工作、做私活的现象在公司各个部门都有不同程度的存在。在这样的氛围中工作时间长了，起初觉得比较轻松，不久就发现被一种无聊的情绪代替了。胡颖觉得这样的工作方式严重影响到了自己，磨灭了她身上的锐气。

很多不积极主动工作的人，在自己消极工作的同时还要为自己的懒惰找很多的理由和借口。抱怨上司对他们的积极工作视而不见，说上司太吝啬，付出再多也得不到相应的回报……

积极肯干的人，无论做什么工作都能从中发现机会。一家国际知名公司的总经理曾经这样解释他是怎样挑选接班人的：

收获
在于
勤奋

几年前公司财务部门聘用了一个叫王翰的年轻人,他对国际贸易毫无经验,但是他的从业经历显示出他是个好财务。他在公司就职两年以后被任命为经理。

王翰拥有出类拔萃的品质,他做事积极主动,待人真诚,常常义不容辞地帮助同事,不仅是记记账、开开支票而已。他还为一个新成立的部门做了一份非常详细明了的资金预算,说明投资5000美元购买新机器能得到怎样的回报。

那一段时间公司的销售低迷,他找到销售经理说:"我虽然不太懂销售,但是很想试着给大家帮个忙。"他提出了很多有用的建议,使公司很快签了几个大的客户。有新的员工入职他会热心地帮助他们熟悉环境,使他们很快地融入新团队。理所当然地,在我挑选接班人的时候,他成了不二人选。

积极主动地工作,即使你并不奢望能得到上司的肯定,知人善用的上司也肯定不会对你的积极视而不见。

刘莉最初在一家小公司做销售工作,有了一些经验之后,她觉得这家公司已经不能满足她的发展需要。由于出色的业绩,

第三章
积极主动地工作

她很快就被一家大公司录用，但是在这里一样需要从底层做起。刘莉认为自己能做到销售总监的位置上去。于是，在别人拜访一个潜在客户的时候，她利用双倍的时间拜访十个。在别人完成了自己的销售任务就不再继续做的时候，她超额完成任务，还对客户进行了有效的分析，从销售的角度，给公司的产品提出很多建议，使公司产品不断得到改进，越来越受到客户欢迎。她的业务也不断扩大，很快刘莉成为华南地区的大客户经理。

跟刘莉一起进入公司的同事很羡慕她所取得的成绩，但是刘莉并没有因此而满足，她的目标是销售总监。在接下来更加繁忙的工作中，刘莉多次主动和生产中心的同事沟通，对已经有很好的销售市场的产品做了一个总体的介绍，策划了一场以市场导向为主的商业推广会。会上很多客户和经销商都对公司的产品有了更加深刻的印象，订单像雪片一样源源而来。不久，刘莉被破格提升为品牌总监，负责公司主要产品的销售和品牌建设。

刘莉的主动出击使她获得了更多成功的机会，也取得了更多的收益。积极主动地做事，成功更青睐于这样的员工。

收获
在于
勤奋

主动让你更突出

一个人的工作有没有主动性、有没有追求完美的精神，对工作的影响是很大的。

在北京有一家做图书代理的公司，业务主管让三位员工去做同一件事：去北京的各大书店了解一下最近的图书市场情况如何。

第一位员工20分钟后就回到了公司。他对业务主管说，他去了最近的一家书店，他已经向该书店的员工询问了情况，接着就向业务主管汇报了他了解到的情况。

第二位员工45分钟后回到了公司。他亲自到某某书店了解了情况，然后自己还在该书店把各种书翻看了一遍。

第三位员工却在5个小时之后才回到公司。原来他不但去了前两位员工去的书店，还多去了十多家书店，并把每家书店

第三章
积极主动地工作

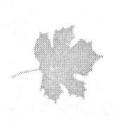

的情况都一一做了记录。在回来的路上,他还去了一些出版社,把最近的图书市场和出版情况也做了了解。他害怕把了解到的情况遗忘,又找到一家麦当劳餐厅,并在那里把情况做了记录才回到公司。

第三位员工的态度向我们表现了一种积极主动的工作态度,而这种态度,也正是每一个追求成功的人应具有的人生态度。对于那些讲究主动、善于最大限度地挖掘自身潜力的员工来讲,重视自己并为公司做贡献乃是他们的必然选择。他们不会仅仅只看到自己的工作,而且会有着一种超越的胸怀,把目光盯向目标。他们非常看重自己应该承担的责任,常常会反省自问:"我是否对我的人生有着更好的向往,我是否对我所在的公司做出了贡献,这种贡献是否对企业的业绩和成果产生了深远的影响?"

要想达到事业的顶峰,你就要具备积极主动、永争第一的品质,不管你做的是多么令人扫兴的工作。

在我们的人生历程中,我们不能凭一种懒汉的想法去对待自己,我们应该用一种积极主动的态度去对待。有些人在工

收获在于勤奋

作中，总是用一种平庸的心态来对待工作，他们通常认为自己的付出只要对得起从公司拿到的薪水就行了。他们不会主动加班，也不会积极主动地去完成工作。他们稍遇挫折就心灰意冷，总觉得这个社会欠他们太多。他们总是抱着平庸的态度去做事，结果也就以平庸收场。

成大事者与庸人之间最大的区别就是，前者善于自我激励，有种自我推动的力量促使他去工作，并且敢于自我担当一切责任。成功的要诀就在于要对自己的行为作出切实的担当，没有人能够阻碍你的成功，但也没有人可以真正赋予你成功的原动力。

付出多少，得到多少，这是一个众所周知的因果法则。也许你的投入无法立刻得到相应的回报，但你不必气馁，应该一如既往地多付出一点。回报可能会在不经意间以出人意料的方式出现。最常见的回报是晋升和加薪。除了老板以外，回报也可能来自他人，以一种间接的方式来实现。

因此，我们不应该抱有"我必须为老板做什么"的想法，而应该多想想"我能为老板做些什么"。一般人认为，忠实可靠、尽职尽责完成分配的任务就可以了，事实上这还远远不够，尤其是对于那些刚刚踏入社会的年轻人来说更是如此。要想取得成功，必须做得更多更好。

第三章
积极主动地工作

事事领先一步

没有人不希望获得成功。成功的经验多如牛毛，关于成功的书籍也是浩如烟海；市场的反应正说明人们的需要，这说明人们对成功的渴望之强烈。无论别人给你传输的经验有多少种，你只要记住一个要诀就好了，那就是：事事领先一步。

事事领先一步，不仅是积极的体现，还是勤奋的体现。养成事事领先一步的习惯，就犹如给自己打开了一扇成功之门。

杰克逊在刚刚创业的时候，他全部家当也不过100美元。后来，他做生意赚了点钱。二战结束后，他打算做地皮生意。当时，从事这一行业的人比较少，因为战后经济萧条，人们的生活水平不高，所以很少有人修房子、建商店或是盖厂房。当时他的家人和朋友得知他的这一决定时，都颇感意外，异口同声地表示反对。但是杰克逊却很相信自己的判断力，他认为虽

收获
在于
勤奋

然目前国家的经济很不景气,但美国作为战胜国,应该很快就会恢复过来。人们生活水平提高以后,对土地的需求就会增加,到时价格就会大涨。而此时土地价格非常便宜,买进十分适宜。于是,他便用自己的全部资产再加上一部分贷款在市郊买下了很大的一块地皮。当时这里十分不被别人看好,因为这里地势低洼,不适宜耕种,而且远离市区,交通也不是十分便利。但是杰克逊通过仔细的调查、研究和分析,认为战后经济复苏会很快,到时将会有大量的人口拥入城市,市区将不断扩大,到时就会向郊区延伸,那时这块土地就会成为黄金地段。

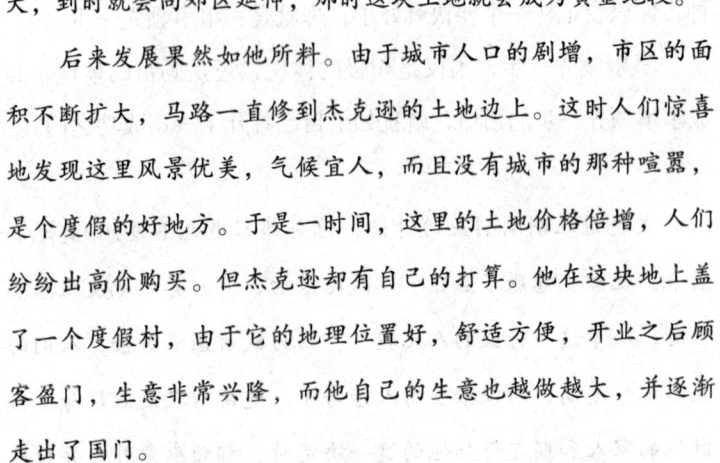

后来发展果然如他所料。由于城市人口的剧增,市区的面积不断扩大,马路一直修到杰克逊的土地边上。这时人们惊喜地发现这里风景优美,气候宜人,而且没有城市的那种喧嚣,是个度假的好地方。于是一时间,这里的土地价格倍增,人们纷纷出高价购买。但杰克逊却有自己的打算。他在这块地上盖了一个度假村,由于它的地理位置好,舒适方便,开业之后顾客盈门,生意非常兴隆,而他自己的生意也越做越大,并逐渐走出了国门。

第三章
积极主动地工作

一个人在思想上超前，在行动上领先，那么就不可能不收获成功。当然，行动上的领先可以很容易做到，但思想上的超前却需要有独到的眼光。这就需要我们及时掌握各种各样的信息，并相信自己的判断。只要你有高瞻远瞩的眼光，有积极行动的能力，那么你就离成功不远了。

人的生命是有限的，就像流星划过天际，很短暂。让我们来算一笔账，假设一个人的寿命是75岁，除去他的少年时代，也就是从18岁成年开始计算，每天除去吃饭、睡觉以及其他因素而虚度掉的大约10年的时间，就只剩下不到50年的时间。也就是说我们所有的目标都要在这短短的50年内去完成。此外，还要除去一些意外因素，如生病等所浪费的时间，那么剩余的时间就更少了。所以，我们每个人都应该抓紧时间来完成自己的梦想，而不应该再让时间流逝。

但是，我们大多数人却没有意识到时间的紧迫性，总是喜欢将事情一拖再拖，于是生命也就在这些等待中白白流逝了。

如果你想成功，就要学会和时间赛跑。凡是能跑赢时间的人，也肯定能将成功抓在手里。等待的结果，只有失败。

王川是公司里升职最快的一个员工，他到公司不到一年，

收获在于勤奋

就坐上了经理的宝座。而他成功的秘诀就是每天比别人多前进一点儿。每天，他总是第一个来到公司上班，而晚上却是最后一个离开。所以，每当老板加班想要找人帮忙时，就只能找他。有时上班之前的那段时间，也会找他侃侃足球。久而久之，老板似乎已经习惯了他的存在，有时就算身边有秘书，还是会找他帮忙办事。

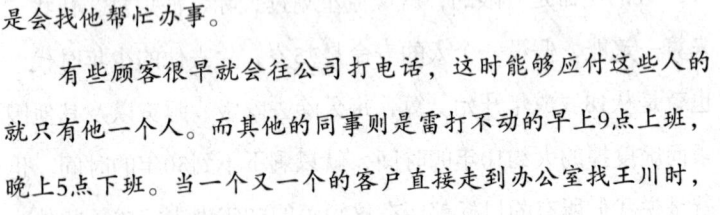

有些顾客很早就会往公司打电话，这时能够应付这些人的就只有他一个人。而其他的同事则是雷打不动的早上9点上班，晚上5点下班。当一个又一个的客户直接走到办公室找王川时，他们都感到非常奇怪。

在他29岁的时候，便成了公司里的二号人物。别人向他请教成功的经验，他总是会说："你永远不可能完全控制你身在何处。你不能选择开始事业的优势，不能选择你的智力水平，但是你却能控制自己工作的勤奋程度。当然，有些人可以不努力工作，仅凭他的聪明就可以取得成功。但是，那些人都是天才。对于我们大多数人来说，我们所能做的就只有努力工作。你做得越多，你得到的也就越多。每天比别人前进一点儿，慢慢地你就会成为领头羊。我的秘诀就在于每天都会比别人多做

第三章
积极主动地工作

一点儿。"

　　事事领先,除了行动上的领先,还有思想上的领先。这一点在商业上尤为重要。因为一个人如果有超前的思想,那么就会发现别人没有发现的财富。就像改革开放之初,凡是能够掘到金的人都是那些有超前意识的人,他们能看到别人没有看到的商机,把握住了别人没有把握住的机会。

收获
在于
勤奋

主动做好分内的工作

有一位企业家说过一段话:"在做好分内工作的同时,尽量为公司多做一点儿,这样不但可以表现出你勤奋敬业,还可以培养你的工作能力,增强你的生存能力。"

事实正如这位成功者所说,许多人的成功和出色正是因为他们能主动做好自己的工作,更能把剩余的时间用在其他的工作上,他们都比其他的员工做得更多一些。

多做并不是一种没有回报的付出,当你做完一件事时,你就收获了做这件事的所有经验。当然,多做一些其他的工作,并不是让我们蛮干,而是要学会做一个聪明人,在多做之前,要思考什么工作需要做,怎么做,怎样才能做好。当你想好了哪件事需要你去做的时候,就不要犹豫了,"该出手时就出手",也许这样做会多占用你的一些时间和精力,但是,你的行为会为你赢得良好的声誉,并增加他人对你的信任,回报也

第三章
积极主动地工作

会由此降临到你的身边。

世界知名的投资顾问专家卡洛·道尼斯最初给汽车制造商杜兰特先生工作时,职务并不高,所从事的也是些普通的工作,可是他通过自己的努力,成为杜兰特先生的左膀右臂,并担任了下属一家公司的总裁。

他的成功没有捷径可言,就是每天多努力一点儿,每天多奉献一点儿。他自己认为,成功的关键是看到一些工作需要人做而没有人去做时,不计报酬地去帮助别人完成,奉献自己的一点儿力量。

当时,卡洛·道尼斯注意到杜兰特先生的工作非常繁忙,常常工作到很晚,每天都如此,所有人都下班回家了,可是杜兰特还在办公室忙碌。因此,卡洛·道尼斯决定牺牲一些自己的时间,留下来为杜兰特提供一些帮助。

当卡洛·道尼斯有了这个想法后,就义无反顾地去实行。杜兰特经常会自己找一些文件和常用的办公用品,当杜兰特发现卡洛·道尼斯主动帮助他做这些事情时,便欣然接受了他的帮助。一段时间后,他们的这种关系成为一种习惯。杜兰特逐

收获
在于
勤奋

渐地让卡洛·道尼斯帮他做很多事情。卡洛·道尼斯这样说："到最后，杜兰特先生发现已经离不开我了。"

由此可见，人的价值，就是在这些看起来微不足道的奉献中逐渐得到提升的。正如古希腊哲学家苏格拉底所说："要使世界动，一定要自己先动。"同样的，我们中国的古谚语也说："早起的鸟儿有虫吃，会哭的孩子有奶喝。"这些充满智慧的话语说出了同一个道理：凡事要主动，消极等待则有可能什么也得不到。

也许你会有这样一种状况，总是认为自己的时间不够用，但是每天的时间又过得好慢，其实，这正是懒惰的一种表现。因为自己的懒惰，平时不愿意多思考、多学习，到干活儿的时候不是这里不会，就是那里不懂，效率当然就要比别人慢了很多，别人干完了，你还在那里苦苦煎熬。还有一种人就是接到任务后爱拖沓，把今天的活儿拖到明天，明天的活儿拖到后天，这样的人就是在浪费时间。可是他却不这么认为，他把工作时间用在了聊天、听歌上面。当然了，工作中是应该适当地休息，但是不能过分，凡事都要有个度，该干什么，就干什么。还有一种人就是没有一点儿责任感，眼里没有一点儿活儿，能推就

第三章
积极主动地工作

推,能不干就不干,自然他的时间就用不完,因为别人都在忙的时候,他无所事事,这样的人,无疑是在虚度光阴。

要改变这样的状况并没有多难,有句话这样说道:"没有做不到的事,只有想不到的事。"消除工作中懒惰和拖延的毛病,其实最主要的还是要端正自己的思想,有时候懒惰是由于觉得那件事情很难办,干了会很累,所以就让自己找个拒绝的理由。有时候是觉得即使去干了,也得不到好处,觉得不划算,所以就不去干。在这种思想的引导下,人往往越变越懒,到了后来,都不用去思考这件事是不是值得去做,因为从来就没有打算去做。人说,勤快的人会越变越勤快,懒惰的人会越变越懒惰,就是这个道理。其实,懒惰的人是完全可以改变自己懒惰的坏习惯的,任何事情都不是绝对的,只要你有心,就可以变勤快。

收获
在于
勤奋

主动就会领先

富士康科技集团董事长郭台铭是台湾首富。2002年全球福布斯富豪榜,郭台铭以23亿美元身价排名第198位。

深圳富士康集团连续7年入选美国《商业月刊》全球信息技术公司100强排行榜,连续3年蝉联中国出口创汇第一名。经营的范围横跨计算机、通信和电子领域,是微软、惠普、戴尔的重要合作伙伴。富士康集团之所以能取得如此骄人的业绩,与郭台铭无论做什么都能积极行动、事事比别人领先一步,从而抢占先机精神有很大的关系。

郭台铭不像某些企业的管理者那样,喜欢坐在办公室,把所有的事情计划周全后再发号施令,让下级去执行,这样往往就会因为拖延了时间而失去机会。只要是他认准了的机会,不管是对人还是对事,他都会在第一时间抢在别人前面去做。

有一次,台湾计算机业得到消息,有一家海外公司的采购

第三章
积极主动地工作

员准备到台湾来采购一大批计算机方面的产品。这是一个大客户，台湾几家大型的企业都非常重视这件事，准备派人去机场接待那位采购员，只要他一下飞机，就把他接到自己的公司。

有一家计算机公司的部门经理亲自带领着一批员工，以一副志在必得的架势来到机场。可出乎意料的是，在大厅里，广达电脑董事长林百里亲自出马，率领员工已经在那里等候多时。看着对方强大的阵营，这位部门经理心想看来我们公司还是迟到了一步。但他并没有离开，和林百里一起等待那位采购员，他想，即便争取不到这笔生意，至少也可以和对方打个招呼。

飞机降落后，各公司派出的迎接代表拥过去，都想把采购员请回家。可是，让大家大跌眼镜的是，那位采购员身边却多了一个人，他就是他们都熟知的郭台铭，他们谈笑风生地走了出来，在场的人都感到很疑惑。

事情原来是这样，郭台铭得到消息后，就掌握了对方的行踪，并抢在其他公司的前面，在采购员转机来台时，制造了一出"巧遇"，一起搭乘同一航班回台。也因为郭台铭的主动意识，比别人领先一步，从而争取到了这个大客户。

收获
在于
勤奋

"一步落后，步步落后；一招领先，招招领先。"这是郭台铭经常对员工讲的一句话，他不仅用这句话警醒员工，自己更是这句话身体力行的实践者。在现实生活中，我们只有比别人更勤快、更主动，才能取得领先的优势。

积极主动不仅仅是一种做人的态度，也是一种做事的方法，更是一个好习惯。

为什么说积极主动做事是一个好习惯呢？习惯，顾名思义，就是一种通过后天养成的行为模式，它是可以改变的。我们要告诉那些因为对待工作随便、怠慢而不能晋升的人：你完全有能力来改变你的处境，秘诀是——行动起来，养成做事积极主动的好习惯。

美国小说家马修斯说："勤奋工作是我们心灵的修复剂，它是对付愤懑、忧郁症、情绪低落、懒散的最好武器。有谁见过一个精力旺盛、生活充实的人，会苦恼不堪、可怜巴巴呢？英勇无敌、对胜利充满渴望的士兵是不会在乎小伤的。当你的精神专注于一点，心中只有自己的事业时，其他不良情绪就不会侵入进来。而空虚的人，其心灵是空荡荡的，四门大开，不满、忧伤、厌倦等各种负面情绪，就会乘虚而入，侵占整个心灵，挥之不去。"

无论从事什么工作，只要你这样做就可以超越别人，这不

第三章
积极主动地工作

仅让你与众不同，也为你铺平了成功的道路。我们不能把命运交给别人安排，更不能消极地等待机遇的降临！养成主动做事的习惯吧，抓住每个能成就事业的机会，抓住一切能创造辉煌的机会，就会有不断的收获和奇迹出现在我们的生命中！赶走懒惰这个恶魔，让自己变得一天比一天勤奋，因为勤奋的人能改变命运，只要我们勤奋、主动，就能化腐朽为神奇。

收获
在于
勤奋

战胜自己

"与其生活在既不胜利也不失败的黯淡的阴郁的心情里,成为既不知欢乐也不知悲伤的懦夫的同类者,倒不如不怕失败,大胆地向目标挑战,夺取辉煌的胜利,这样可喜可贺得多。"这是洛克菲勒所说的话。来看看下面这个例子:

迈克·英泰尔是一个平凡的上班族,37岁那年作出了一个疯狂的决定:他放弃薪水丰厚的记者工作,把身上仅有的3块多美元捐给街角的流浪汉,只带了干净的衣服,从风景优美的加州,靠搭便车与一群陌生人横穿美国。他的目的地是美国东海岸北卡罗来纳州的"恐怖角"。

这是他精神快崩溃时做的一个仓促决定。某个午后他"忽然"哭了,因为他问了自己一个问题:"如果有人通知我今天死期到了,我会后悔吗?"答案竟是那么的肯定。虽然他有好

第三章
积极主动地工作

工作、亲友、美丽的女友,他发现自己这辈子从来没有下过什么赌注,平顺的人生从没有高峰或谷底。

他为了自己懦弱的上半生而哭泣。一念之间,他选择北卡罗来纳州的"恐怖角"作为最终目的地,借以象征他征服生命中所有恐惧的决心。

他检讨自己,很诚实地为他的"恐惧"开出一张清单:在很小的时候,他就怕保姆、怕邮差、怕鸟、怕猫、怕蛇、怕蝙蝠、怕黑暗、怕大海、怕飞、怕城市、怕荒野、怕热闹又怕孤独、怕失败又怕成功、怕精神崩溃……他无所不怕,却又似乎"英勇"地当了记者。

这个懦弱的37岁男人起程前竟还接到奶奶的纸条:"你一定会在路上被人杀掉。"但他成功了,4000多里路,78顿饭,仰赖82个好心的陌生人。

一路上,他没有接受过任何金钱的馈赠,在雷雨交加中睡在潮湿的睡袋里,也有几个像杀手或劫匪的家伙使他心惊胆战。他在游民之家靠打工换取住宿,还碰到不少患有神经病的好心人。他终于来到"恐怖角",接到女友寄给他的提款卡(他看见那个包裹时恨不得跳上柜台拥抱邮局职员)。他不是为了证

**收获
在于
勤奋**

明金钱无用，只是用这种正常人会觉得"无聊"的艰辛旅程来使自己面对所有恐惧。

"恐怖角"到了，但"恐怖角"并不恐怖。原来"恐怖角"这个名称是一位16世纪的探险家取的，本来叫"Cape Faire"，被讹传为"Cape Fear"，这只是一个差错。

迈克·英泰尔终于明白："这名字的不当，就像我自己的恐惧一样。我现在明白自己为什么一直害怕做错事，我不是恐惧死亡，而是恐惧生命。"

花了六个星期的时间，到了一个和自己的想象无关的地方，他得到了什么？得到的不是目的，而是过程。虽然他决不会想要再来一次，但这次经历在他的回忆中是甜美的信心之旅，仿若人生。

人生中最大的敌人并不是来自外部的任何人或物，而是自己。因此，只要我们能够战胜自己，一切也就随之被征服了。不敢挑战自我的人永远不会有任何机会，因为上帝并不会给一个人太多的机会，就连美国最负盛名的画家迪斯尼，上帝也只给了他一只"米老鼠"。

第三章
积极主动地工作

在不断奋斗的人生道路上，我们发现一部分人失败了，而另一部分人却成功了，这究竟是什么原因呢？这其中的主要原因是：前者是被自己打败，而后者却能打败自己。一个人要挑战自己靠的不是投机取巧，不是要小聪明，靠的是信心和勇气。人只要有了信心和勇气，就会从心底里产生出一股强大的意志力量。人与人之间，强者与弱者之间、成功与失败之间最大的差异就在于意志力的差异，人一旦有了意志的力量，就能战胜自身的各种弱点。正如一位作家说的那样，"自己把自己说服了，是一种理智的胜利；自己被自己感动了，是一种心灵的升华；自己把自己征服了，是一种人生的成熟。能征服自己的人，就有力量征服一切挫折"。

我们在追求自己的理想时，会遇到很多艰难险阻，即使是那些成功人士，他们也一样每天要面对很多困难，就像家家有一本难念的经一样，不要认为别人都是一帆风顺的，而自己却处处遭遇挫折。人的一生，总是在与自然环境、社会环境、家庭环境的斗争中适应。因此，有人形容人生如战场，勇者胜而懦者败。从生到死的生命过程中，所遇到的许多人、事、物，都是战斗的对象。其实，自己的信念，往往不受自己的指挥，那才是最顽强的敌人。一般人认为，如果没有危机感、竞争力

**收获
在于
勤奋**

或进取心，可能会失去生存的空间，所以许多人都会殚精竭虑地为自己、为孩子安排前途，以作为发展的战场。从小到大，我们往往都会有比较的对象，小时比学习，长大比收入，虽然处处和人比较的这种心理在一定程度上能够刺激一个人奋斗的愿望，但这种想法也带有一定的负面作用，容易产生嫉妒而导致心理疾病，也就是心理的不健康。其实，只要记住，不能白白地来这个世界走一遭，我们应该为自己活出点样子，也就是做最好的自己，挑战自己。

当然，挑战自己也就是意味着要克服自身的一些弱点，比如懒惰、怕吃苦等一些毛病。要有挑战自身极限的胆量、勇气和欲望。每个人都应以坚定的信心和运筹帷幄的胆识，回应生活的种种挑战。每一次超越自我都会有很多的收获。在现实生活中，我们都有这样的发现：有些并不聪明的人做出了惊人的成绩；有些耳聪目明、各方面条件都很不错的人却成绩平平。这是为什么呢？这正应了一句老话："上帝并不偏爱某一个人。"事实上，每个人都想成才，都想获得成功。获得成功的条件有四个方面：才能、机遇、困难、努力程度。很多人都能感受到，超越别人并不难，难的是超越自己，而要超越自己，首先就是必须战胜自己。

第三章
积极主动地工作

战胜自己却并不是一件简单的事,得意时容易忘形,失意时容易自暴自弃。平常人很难不受环境影响,矛盾、冲突、挣扎,经常发生,如何调解烦恼,非常重要。发生在心外的事比较好应付,发生在心中的事则较难处理。这需要自我排解、自我平衡,且在观念和方法上都要努力。

收获在于勤奋

做积极主动的人

世界首富比尔·盖茨说:"一个好员工,应该是一个积极主动去做事、积极主动去提高自身技能的人。这样的员工,不必依靠管理手段去触发他的主观能动性。"

当今社会,任何一个企业老板,都希望自己拥有一批能主动工作、带着思考进行工作的优秀员工。因为任何一个老板都知道,只有那些准确领悟自己的指令,并主动加上自身的智慧和才干,把指令内容做得比预期还要好的员工,才能给企业带来最大的利益。

在人们身边的每个老板都是忙碌的,每天都为了工作而忙碌不休,体力难免有透支的时候,这时候,他迫切希望自己的员工能分担一部分工作。这些员工,正是那些做事积极主动的员工。

当然了,还有一些员工,他们在老板忙得焦头烂额时,不

第三章
积极主动地工作

是主动请缨,而是处处避让,这样的员工不可能得到老板的重视。一个主动工作的员工,应该主动请缨去帮助自己的老板。特别是在老板工作忙碌时,如果你能挺身而出,在危难时刻施以援手,一旦老板的难题得到解决,你就会在他的心目中占据越来越重要的位置。

年轻的小王,在短期内被提升到公司的管理层。有人问他成功的诀窍时,他答道:"在试用期内,我发现每天下班后员工都回家了,而老板却常常工作到深夜。我希望能够有更多的时间学习一些业务上的东西,就留在办公室里,同时给老板提供一些帮助,尽管没人这么要求我,而且我的行为还受到一些同事的议论。但我相信我是对的,并坚持了下来,长时间以来,我和老板配合得很好,他也渐渐习惯要我负责一些事……"

在很长一段时间内,小王并未因积极主动地工作而多获得任何酬劳。可他学到了很多技术,并获得了老板的赏识与信任,赢得了升职的机会。

收获
在于
勤奋

  我有一个朋友，她就是一个非常积极主动的人。她曾经被一位成功学家聘用为助手，她每天的工作主要就是替这位成功学家打印一些文件。有一天，这位成功学家口述了一句格言，要求她用打字机记录下来："请记住，每个人都有一个心理限制，它限制你的发展与行动，只要打破这个限制，让自己积极行动起来，就有可能获取成功。"

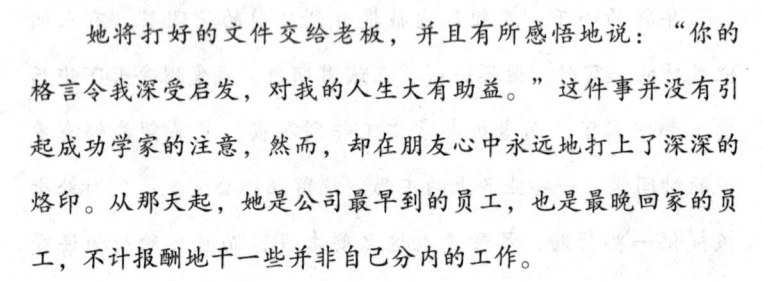

  她将打好的文件交给老板，并且有所感悟地说："你的格言令我深受启发，对我的人生大有助益。"这件事并没有引起成功学家的注意，然而，却在朋友心中永远地打上了深深的烙印。从那天起，她是公司最早到的员工，也是最晚回家的员工，不计报酬地干一些并非自己分内的工作。

  她在那段时间里，仔细阅读了成功学家的书籍，并且把成功学家要用的许多稿件一一整理出来，有时自己也写一些稿件，她把这些稿件交给成功学家，希望得到成功学家的指点。一年以后，朋友已经得到了职位的提升，成为成功学家的真正助理。然而她的故事并没有结束，朋友的能力如此优秀，引起了更多人的关注，其他公司纷纷提供更好的职位邀请她加盟。为了挽留她，成功学家一次又一次地给她加薪水，与最初当一

第三章
积极主动地工作

名普通打字员相比已经高出了四倍。

主动去做老板没有交代的事情，而且还能够把这些事做得很好，你就能提升自己在老板心目中的位置，就会被调升到更高的职位，获得更大的成功。

收获
在于
勤奋

结果源于行动

很多老板并不希望通过单纯的发号施令来推动员工开展工作。一位学者说过:"请求老板的员工比顺从老板的员工更高一个层次,是一种变被动为主动的技巧,它不仅体现了员工的工作积极性、主动性,还增加了让老板认识他的机会。"

是啊,在一个企业里,老板和员工都要清楚,不是只有生产人员和营销人员才能争取客户、增加产出为公司赚取利益,其实企业内所有的员工和部门都需要积极行动起来,为公司赚钱,这就是我们后面说到的共生现象。

同时,也要知道,任何一个公司要想有盈余,必须依靠开源和节流。那些待在办公室不与客户打交道的人最低限度也应该成为一个节流高手,不要浪费公司一分钱,否则浪费会使公司的利益大打折扣。

如果你是一个十分明确自己对公司盈亏有义不容辞的责任

第三章
积极主动地工作

的人,你就会很自然地留意身边的各种机会。这些机会只要你积极行动,就会给你带来回报。

在一个广场上有两家卖冷饮的小商店,这两家小商店的老板都是年轻人,到他们那儿买食品的顾客数量也都差不多,可是A老板一个月下来,总是比B老板赚得多。这是什么原因呢?

一个顾客走过来向A老板要了一杯麦乳混合饮料。

A老板微笑着对顾客说道:"先生您好,请问您愿意在饮料中加一个鸡蛋,还是两个鸡蛋呢?"

顾客对A老板说:"哦,一个就可以了。"

就这样,A老板就多卖出去了一个鸡蛋,这就是A老板积极主动的结果。

我们再来看看B老板:

"你好,给我来一杯麦乳混合饮料。"顾客说。

"好的,先生,您愿意在您的饮料中加一个鸡蛋吗?"B老板对顾客说。

"哦,不用了,谢谢。"

这就是A老板比B老板收入多的原因,因为A老板总是比B

收获
在于
勤奋

老板积极主动。

上面的例子告诉我们什么样的道理呢？积极主动是获取成功的最好途径，也是你获得老板重视的一大前提。因为每一个老板都希望自己的员工能积极主动地工作，善于思考并解决问题。

对于那些拨一下动一动的员工，没有人会重视，也没有人会愿意接受他。在工作中，这种拨一下动一动的员工，任何一个老板都会给予最严厉的惩罚——开除。

有一些大企业，他们在招聘员工时，都一致性地招聘那些"聪明人"。在他们的定位里，这种"聪明人"并不是个人智力出众或者是某一方面的专家，他们只是把"聪明人"定位于一个积极主动进取的人。

现代社会，是一个高度竞争、充满机会与挑战的社会，那些企业的大老板们都需要这种积极主动的员工给公司带来竞争力，这是所有老板们的心声。在这个大环境里，企业总是处于困难和竞争之中，它必须时刻以增长为目标才能生存，但是要达到这个目标，公司员工必须与公司制订的长期计划保持行动一致，在这种情况下最能体验出一个员工是否积极主动。

所以，任何一个员工都应该让自己从被人遗忘的角落里

第三章
积极主动地工作

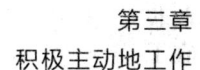

走向前台,把自己以往的懒惰去掉,让自己积极主动起来。这样,你就会成为一个老板真正需要的人。

收获
在于
勤奋

全力以赴地工作

积极主动地工作还需要一种全力以赴的精神,当你全力以赴把工作做到最好时,你就会获得一颗快乐的心。积极主动是最能够体现你是优秀员工还是普通员工的地方。一个积极主动的员工,是一个能把任何事都做得圆圆满满的员工,也是老板所值得倚重的员工。

在意大利所有精美的艺术作品当中,最令人难以忘怀的是米开朗琪罗的大卫雕像,看到它人们才会明白什么叫经典之作。

一生充满了传奇色彩的米开朗琪罗,被推崇为西方文明最伟大的艺术家和最具影响力的风格开创者。他的艺术细胞是天赋的,尤其在雕塑上。21岁时,他完成了平生第一件成熟作品;不到30岁,举世闻名的大卫像就从他手中诞生了。

当米开朗琪罗刚30岁出头时,时任教皇的米利安二世召他

第三章
积极主动地工作

前往罗马，先是让他在一座壮丽的陵寝里雕刻教皇，后又改为作一幅绘画。对于热忱雕塑的他，绘画是他不太愿意做的，何况是要在梵蒂冈一座小教堂的天花板上画很多人像。不过，教皇的再三敦促让他勉强接下了任务。

许多学者认为，那件苦差事是米开朗琪罗的一些艺术界劲敌故意让教皇交付的，如果他推却，教皇以后就可能不用他了；如果接受了，又可能交不出像样的作品。但那些人想错了，米开朗琪罗是一个不做则已、要做就做到最好的人。他把单纯绘画耶稣十二门徒的画扩增为取材于《创世纪》的经典壁画，画中栩栩如生地描绘了包括"上帝创造世界"在内的九幅场景。

年轻的米开朗琪罗躺在高架平台上作画，度过了整整四年时光，他为彻底完成该项工作付出了视力及健康受到永久性伤害的巨大代价。四年的昼夜辛劳，使得只有37岁的他憔悴得连朋友都认不出来了。

全力以赴工作的米开朗琪罗让教皇深受感动，他成为梵蒂冈重用的御用巨匠。更重要的是，他给当时的艺术界带来了极大震撼。西斯廷教堂的壁画，由于画风大胆创新、笔法细腻，

收获
在于
勤奋

而被当时许多艺术界同行竞相模仿，成为一时风尚。艺术史学家们更是认为米开朗琪罗的经典画作主导了欧洲绘画发展的走向。那次的努力和突破，也为他日后在雕塑及建筑设计方面的非凡贡献奠定了基础。

米开朗琪罗虽然很有天分，但他在工作时若不全力以赴，其影响力决不会达到今天的地步，这从他绘画中细节的精确和整个拱形画面的布局就可以看出来。

当有人问米开朗琪罗，在可能没有人欣赏的情况下，为什么仍然愿意在阴暗的角落里蜷曲着身子辛勤又认真地绘画时，他毫不犹豫地说："上帝看到了就足矣。"

追求完美的员工必定会在任何情况下都把事情做得完美，即使这样做"只有上帝才知道"，而这正是那些卓有成效者的奥秘所在。他们都像米开朗琪罗那样，对自己的作品采取这样的态度：上帝必定会看见。工作的时候他们极为敬业，而不是一般性地应付工作。其实，敬业也就是尊重自己。从这个故事可以看出，在现代职场中，有两种人永远也无法取得成功：一种人是只做老板交代的事情，另一种人是做不好老板交代的事情。这两种人都是老板首先要"炒鱿鱼"的人，或者是在卑微

第三章
积极主动地工作

的工作岗位上耗尽终生的精力而无所成就的人。

微软前任副总裁李开复说："不要只是被动地等待别人告诉你应该做什么，而是应该主动地去了解自己要做什么，并且规划它们，而后全身心地努力去完成它。想一想在现今世界上最成功的那些人，有几个是唯唯诺诺、等人吩咐的人？对待工作，你需要以一个母亲对孩子般的责任心和爱心全力投入、一步步地努力。如能做到这样，便没有什么目标是不能达到的。"

收获
在于
勤奋

赢在行动

在一堂培训课上,培训导师对大家说:"各位来宾、各位领导,现在我想请大家站起来看看自己的四周,看看有什么发现?"

培训导师讲到这里,神秘地对大家笑了笑,然后用一种奇怪的眼神看着大家。见此情景,全体上课人员都感到很纳闷,但还是陆陆续续地站了起来,莫名其妙地东张西望。不一会儿,就有人大声地说在桌子下面找到50元人民币。然后,就不断地有人说在椅子上、桌子下、地板上等地方找到了钱。最多的有100元,最少的也有20元。正当大家诧异的时候,这位培训导师拉开了话题,他接着问:"朋友们,现在你们手中都得到了自己应该得到的东西,但我想问问大家,你们明白我让大家做这个游戏的目的了吗?"

接着就有人回答道:"我知道,你想要表达的意思是,如果我们坐着不动,我们就不会有所收获。刚才你让我们动了起

第三章
积极主动地工作

来,我们就一定会有所收获。"

还有的回答道:"从这个游戏中,我感受到了立即行动的重要性,让我领悟了原来我们的成功就来源于两个字:行动。"

看看我们所取得的每一次成功,哪一点离得了"行动"呢?人们常说,心动不如行动。只要想到了就立即付诸行动,我们就会很快地有所收获。

在一个企业里,为什么有的员工会取得很好的成绩?只要你看看他们成功的过程,你就会发现,那些被认为一夜成名的员工,他们在成功之前,已经思考了很长一段时间,当他们思考成熟时,就立即采取行动,结果走向了成功。另外,职业测评家费特里也说过:"成功是一种努力的累积,不论何种行业,想攀登上顶峰,通常都需要漫长时间的努力和精心的规划。"看看我们身边的朋友,他们的成功,何尝不是早已默默无闻地努力了很长一段时间。

同样的道理,在一家公司里,如果员工都能够保持主动,时刻把心动不如行动记在心中,让工作成为一种追求,这样,纵使自己从事的是缺乏挑战或毫无乐趣的工作,最终也能获得回报。当新员工养成这种立即行动的习惯时,他就有可能成为

收获
在于
勤奋

企业领导者和部门管理者。那些位高权重的人就是因为他们以行动证明了自己勇于承担责任、值得信赖。

在公司里,每一个渴望成功的员工在每一项工作中都要倾听和相信这一点:想要使自己的生活有所好转,就从今天开始,从现在的工作开始,而不必等到遥远的未来你找到了理想的工作再去行动。

有一个电子专业的大学生,毕业时被分配到一个让许多人羡慕的政府机关,干着一份十分轻松的工作。然而,时间不长,年轻人就变得郁郁寡欢。原来年轻人的工作虽轻松,但与所学专业毫无关系,空有一身本事却无用武之地。他想辞职外出闯天下,但内心深处却十分留恋眼下这份稳定又有保障的舒适工作。要知道外面的世界虽然很精彩,可是风险也大呀!经过反复思量他仍拿不定主意,于是他就将心中的矛盾讲给了父亲。他的父亲听后,给他讲了一个故事:

有一个乡下老人在山里打柴时,拾到一只很小的样子怪怪的鸟。那只怪鸟和出生刚满月的小鸡一样大小,也许是因为实在太小了,它还不会飞。老人就将这只怪鸟带回家给小孙子玩耍。

老人的小孙子很调皮,他将怪鸟放在小鸡群里,充当母鸡

第三章
积极主动地工作

的孩子,让母鸡养育着,母鸡果然没有发现这个异类,全权负起了一个母亲的责任。

怪鸟一天天长大了,后来人们发现那只怪鸟竟是一只鹰,人们担心鹰再长大一些会吃鸡。然而担心是多余的,那只鹰一天天长大了,却始终和鸡相处得很和睦。只有当鹰出于本能在天空展翅飞翔,再向地面俯冲时,鸡群才会引起片刻的恐慌和骚乱。

时间久了,村里的人们对于这种鹰鸡同处的状况越来越看不惯,如果哪家丢了鸡,首先便会怀疑那只鹰,要知道鹰毕竟是鹰,生来就是要吃鸡的。愈来愈不满的人们一致强烈要求:要么杀了那只鹰,要么将它放生,让它永远也别回来。

因为和鹰相处的时间长了,有了感情,这一家人自然舍不得杀它,于是他们决定将鹰放生,让它回归大自然。然而他们用了许多办法,都无法让那只鹰重返大自然。他们把鹰带到村外的田野,过了几天那只鹰又飞回来了;他们驱赶它,不让它进家门,他们甚至将它打得遍体鳞伤……许多办法试过了都不奏效。最后他们终于明白:原来鹰是眷恋它从小长大的家园,舍不得那个温暖舒适的窝。

后来村里的一位老人说:"把鹰交给我吧!我会让它重

收获
在于
勤奋

返蓝天，永远不再回来。"老人将鹰带到附近一个最陡峭的悬崖绝壁旁，然后将鹰狠狠地向悬崖下的深涧扔去，如扔一块石头。刚开始时鹰如同石头般向下坠，然而快要坠到涧底时，它只轻轻拍了拍翅膀，就飞向了蔚蓝的天空。它越飞越自由舒展，越飞动作越漂亮。这才叫真正的翱翔，蓝天才是它真正的家园呀！它越飞越高，越飞越远，渐渐变成了一个小黑点，飞出了人们的视野，永远地飞走了，再也没有回来。

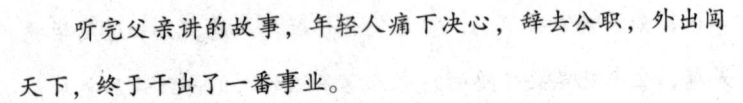

听完父亲讲的故事，年轻人痛下决心，辞去公职，外出闯天下，终于干出了一番事业。

从这个故事里，我们得到了什么样的启示呢？每个人都有自己的天赋，都有适合自己发挥能力的地方，每个员工都有机会。我们不要埋怨自己的弱势和缺陷，而要把注意力集中在自己的优势上面，并能够立即采取行动，如此，我们就能够走向成功的巅峰。

第四章 勤于学习

第四章
勤于学习

活到老，学到老

随着时代的变化，知识的更新也加快了速度。今天学到的知识，也许明天就成了明日黄花。所以，为了跟上时代的步伐，就必须坚持终身学习。我们只有"活到老，学到老，做到终身学习"，才能够在激烈的竞争中占有一席之地。

晋平公作为一国之君，政绩不错，学问也很渊博。当他70岁的时候，仍然感到自己的知识有限，希望能多学一点儿，但又觉得可能此时学习会有点儿力不从心。他很犹豫，便去问一位贤明的臣子，此人叫师旷，是个双目失明的老人。

师旷尽管双目失明，但却博学多才，对一切都理解得很透彻。晋平公问他："我现在已经70岁了，年纪的确老了，可是还希望再读些书，长些学问，但又总是没有什么信心，总觉得是否太晚了呢？"

收获在于勤奋

师旷说:"您说太晚了,那为什么不把蜡烛点起来呢?"

晋平公不明白师旷什么意思,还以为他东拉西扯地在戏弄他,于是有点儿不高兴。师旷忙解释说:"我并非戏弄大王,而是认真地跟您谈学习的事呢。我听说,人在少年时好学,就如同获得了早晨温暖的阳光一样,那太阳越照越亮,时间也久长;人在壮年的时候学习,就如同获得中午的阳光一样,虽然它走了一半,但力量很强,时间也很多;到老年的时候好学,虽然没了阳光,但还可以借助烛光。虽然烛光光亮有限,但却比在黑暗中摸索强多了。"

师旷的这些话,让晋平公茅塞顿开,对自己也更有信心了。

一位学者说过,"学习无处不在,无时不有,已经超过了时间的限制,成为我们一生所要做的事。"

学习不能仅仅局限于校园里。学校里学到的知识,只是我们以后学习的一个基础,而学校里的成绩,也并不代表你今后在社会中的表现。世界上有好多久负盛名的学者,他们甚至没有进过大学的校门,像高尔基,他就是自学成才的典范。由于家境贫寒,他从小就在外做学徒,只是抽空躲在一边看书,还要时时提防老板的皮鞭。但最后,他却成为世界

第四章
勤于学习

级的文学巨匠。

当然,学习的最好时段还是青少年时期,这时我们的精力、记忆力都是最好的,对知识可以很快消化、吸收。随着年龄的增长,我们的记忆力便会逐渐下降,学起东西来也会感到力不从心。所以,有些人总会发出这样的感慨:当初能够好好学习就好了,现在想学都晚了。其实,只要你能觉悟,就永远都不嫌晚。人到中年,记忆力是会下降,但这时他的逻辑能力却会增强,在某些方面,中年时代学习比少年时代更有优势。所以,不要将年龄视为一个障碍,真正阻碍我们的是"心障"。只要你能突破心中的障碍,你就会发现学习永远都不会晚。

我们看看那些有成就的人,他们没有一个是学而知足的,他们把自己毕生的时间和精力都用在学习上。学习,就是对自我的一种提升,就是自我的一种进步。就像我们活着就要走路一样,学习也是这样一个不间断的过程。

哈佛大学前任校长说过:"养成每日用10分钟来阅读有益书籍的习惯,20年后,思想将会有很大的改进。所谓有益的书籍,是指世人所公认的名著,不管是小说、诗歌、历史、传记或是其他种种。"如果我们每天多抽出10分钟,那么日积月累,这个数字也是惊人的,而我们也会从中学到很多的知识。

收获
在于
勤奋

现在，知识所代表的已不仅仅是一种财富，它还包含着更多的内容。自然界的规则就是"适者生存"，而这一规则也适合我们人类。这个世界变化太快，你能适应，就能在激烈的竞争中占有一席之地。这就需要你不断地提升自己，不断地充实自己的头脑以跟上时代的潮流。

或许，我们认为，作为老年人，已经退出了激烈的社会竞争，似乎已经可以停下来，安享晚年，不用再学习了。但事实并非如此。我们所说的学习，已不仅仅是书本上的知识。正如前面所说，社会是一本大书，需要我们用一生的时间来研读。所以，只要你生存在这个世上，你就需要不断地学习。你上了年纪，眼神不好，看书不是很方便，但是，你还会有其他的爱好。别的老人都喜欢钓鱼，整日悠哉游哉，你见了很是羡慕，于是便也拿了钓竿和他们坐在一起，这不也是一种学习吗？别人在下棋，你虽不懂，但也凑过去看热闹，久而久之，你也看出了一点儿门道，不再是一个门外汉，这也意味着你又掌握了一门新的知识。学习就是这样，无时不在，无时不有。没有任何人可以摆脱，没有任何人可以例外。所以，学习不是一时，而是我们一辈子都应该做的事。

第四章
勤于学习

在生活中学习

世间万物始终都处在新陈代谢、交替更新之中。我们的知识、思想也应该处于不断地更新之中。今天应该比昨天进步,明天应该比今天进步。每一天都有进步,每一天都有成长,不断地更新自己。就像机器,长期使用却从不更新就会老化,失去原来的效率。

我们的生理每天都在进行新陈代谢,我们的知识、我们的社会经验、我们的智慧也应该每天得到更新。一天不洗脸,一个星期不洗澡,我们会觉得不舒服;但更重要的头脑的更新,却常常被我们忽略。

而今的社会,是一个信息爆炸的年代,知识的更新速度是惊人的。昨天的知识,今天可能就已陈旧,如果不学习,将会成为新的文盲。不是只有校园里的教育才是学习,毕竟校园里的教育只是你生命中的一个阶段。学校教育的目的,只是为你

收获在于勤奋

走出校园后在社会上学习、在工作中学习奠定一个基础。

中华民族有着光辉灿烂的文化，我们的祖先，也有着优良的学习传统。

抱朴子曾这样说："周公这样至高无上的圣人，每天仍坚持读书百篇；孔子这样的天才，读书到'韦编三绝'；墨翟这样的大贤，出行时装载着成车的书；董仲舒名扬天下，仍闭门读书，三年不往园子里看一眼；倪宽曾经耕耘，一边种田，一边读书；路温舒截蒲草抄书苦读；黄霸在狱中还师从夏侯胜学习；宁越日夜勤读以求15年完成他人30年的学业……详读六经，研究百世，才知道没有知识是很可怜的。不学习而想求知，正如想求鱼而无网，心虽想而做不到。"

他们这样的圣贤还如此好学不倦，我们常人怎可松懈呢？

还有人认为，只有青年时期才是用来学习的，成年以后，已经不再是学习的时期了，到了晚年就更不适合学习了。其实不然，我们随时随地都有学习的机会，我们不应该让这些机会白白溜走。只要有时间、有机会，就要尽量去努力学习，尽量提高自己。

人的一生，无时不在学习。社会就是一所大学校，我们所遇到的人，所接触到的事，所得到的经历，都是这所大学里

第四章
勤于学习

最好的学习资料。只要我们能做个有心人,那我们在每一天、每一分钟里,都可以吸收到很好的知识。终生学习在过去似乎是一种人生的修养,而在今日,它却成为一个人生存的基本手段。学习,已成为我们一辈子的事。

收获
在于
勤奋

为什么学习

　　学习的目的是什么？我国古代就已经有了很好的经验总结——学以致用。孔子学说的正统学者都认为读书是为更好地做人、立身、处世，其目的是学以致用，只有这样，读书才能有益于自己，有益于世界。

　　古人说，读万卷书，行万里路。这句话道出了人的一个秘密，即人都是有其局限性的，但人却又总是希望能够超越其局限性。庄子说到人，称其为生也有涯，而知也无涯。以其有涯之身而求无涯之识，就有难处。读书和行路或许可以在这有涯与无涯之间搭建一座桥梁。或许只有把行路与读书结合起来，我们才会对这个社会、对我们的人生有更好的、更准确的理解。

　　我国的知识分子有一个传统，那就是抱负不小："穷则独善其身，达则兼济天下。"学有所成之后，都期盼着能有机会一展宏图，施展自己的才华，来造福苍生。这一学习目的的追

第四章
勤于学习

求，就把学与行联系了起来。

北宋著名学者、政治家、军事家范仲淹在童年时期就酷爱读书。由于家境清贫，上不起私塾，10岁时住进长山礼泉寺的僧房里发愤苦读，每天煮一小盆稀粥，凝结后，用刀划成四块，早晚各取两块，再切几根咸菜，就着吃下去。这就是后世传为佳话的"断齑划粥"的故事。

庙里的老火头僧，很佩服范仲淹这种精神，时常称赞他。范仲淹说："一个人如果不读书，只知饱食终日，贪图安逸，那种生活是毫无意义的。"

范仲淹为了开阔眼界，寻访良师，增进学识，便风餐露宿，千里迢迢来到北宋的南京应天府（今河南商丘），进了著名的南都学舍，他昼夜苦读，"未尝解衣就枕"。在冬夜里，读得疲倦时，他就用冷水洗洗脸，让头脑清醒过来，继续攻读。

同学中，有一个是南都留守的儿子，看到范仲淹"忘我攻读"，只吃点粥，很是感动。回家对他父亲讲了这件事。留守感慨地说："这是个有大志、有出息的孩子。你拿些肴馔送给

收获在于勤奋

他吃吧。"过了几天,留守的儿子发现范仲淹根本没吃他送的食物,就责备他。范仲淹答谢道:"我并非不领令尊的情,只是多年吃粥,已成习惯,如食此佳食,恐怕将来吃不得苦。"

范仲淹勤奋苦读,终成一代文学大家。

之所以学,是因为知不足;知不足,所以才可以进步。山外有山,人外有人,勤学不辍,博采众家之长,不断进取,才有可能出人头地。

我国历代帝王中,勤学的例子也不在少数,康熙在历史上被称为"圣学高深,崇儒重道",是中国帝王中学识最渊博的一个。他年轻时读书读到呕血,其进步速度也很快,一位博学的国师因认为自己已经没有东西可以教给他了而告老还乡。在他继位后还专设了南书房,有空就潜心学习,钻研问题。

由于他勤于学习,故而知识渊博,学贯中西,文武双全。因此,熟悉经史,深悉治乱之道。他接受汉景帝时吴楚七国之乱的教训,反对杀掉那些主张撤藩的大臣。料到"撤也反,不撤也反",毅然下令撤藩,终于平定了"三藩"。进而以其卓

第四章
勤于学习

越的军事才能,统一台湾,平定噶尔丹之乱,抗击沙俄侵略以保卫祖国,从而巩固了清王朝的统治。他虽称守业,却实是清王朝的开创者之一。因他"崇儒重道",能继承前代贤王的治国经验,勤政爱民,发展生产,铺就了"康乾盛世"的基石。

收获
在于
勤奋

学以致用

学以致用,是要求我们要把所学的东西用到生活中的各个方面。学习是一种改造思想的行为,但却不是脱离实际,陷入空想。

关于学习的目的,我国文人曾做过总结,那就是"修身、齐家、治国、平天下"。我国的知识分子,都有一个共同特点,那就是志向远大。他们希望一旦学有所成,便可以为国出力,为民效劳。所以,学习的最终目的就是"行",就是学以致用。

一个人,拥有再美的理想,也必须立足于现实;脱离了现实,只能结出失败的苦果。所谓"致用",除了将知识用于生活之外,还要学会变通。生活总是在变,知识自然也要随之而改变。知识的最终来源就是生活,若脱离了生活,就成了无源之水,无本之木。但知识也要高于生活,只有这样,才会在生

第四章
勤于学习

活中指导我们的行动。

当今这个社会，有许多年轻人，往往有一种偏见，认为学习知识就是为了应付考试。表面上是这样，但是一个人不可能永远生活在考场上，生活在学校里。我们在生活，也在成长。我们会渐渐地离开学校，步入社会，而我们所学的东西也应该随之运用到生活中去。所以，知识会是我们一生的财富。

学习可以用于自身的改善。有句话叫作"腹有诗书气自华"，是说知识可以改变一个人的气质。我们都有这样的切身体会，一个受过良好教育的人，就算穿得普普通通，也会给人一种不一样的感觉。而一个没有什么修养的人，就算浑身都用黄金包裹起来还是会让人感到鄙陋。有钱有知识，我们称之为"富人"；有钱没知识，我们称之为"暴发户"。改革开放后，曾经出现过不少暴发户，但是如今，这些人却销声匿迹了。暴发户的形成，自然有其历史的原因，他们通常都是胆子很大，敢做别人不敢做的事，所以他们就在别人还在犹豫之时抓住了机会，让自己"也过一把瘾"。但是，商场就是一个大浪淘沙的战场，他们的胆量可嘉，但他们的知识却不足，于是，在"过了一把瘾"之后，也就销声匿迹了。他们的财富也渐渐被那些有头脑的人抢去。所以，现在你几乎再也看不到他

收获在于勤奋

们的身影。这就是知识的力量，它不仅可以陶冶你的情操，还可以让你经受住任何的考验。

学习可以治国，可以平天下。江山都是马上的皇帝打下来的，但所有打下江山的皇帝都明白，他们可以骑马打江山，但却不可以骑马坐江山。只是秦始皇不懂得这个道理，所以堂堂大秦在那么短的时间内就灭亡了。

历代君王，都很重视知识的作用，只是元朝的统治者却忽略了这一点，所以元朝在辛辛苦苦开辟了那么大的疆域之后，没有多久就寿终正寝了。

历朝历代的明君，他们的共同点就是认识到读书对治世的重要性。唐太宗李世民就在正殿的左边设置洪文馆，选拔有学识的人兼任学士，而自己一有时间就领着这班学士到内殿，谈古论今，研究治世之道。所以，才开创了"贞观之治"。

古代也有不少的有识之士，因不满时局而归隐山林，空让自己的抱负化为幻影。这自然有其历史的原因，我们也经常赞其清高、赞其傲骨。但是也不禁为其扼腕叹息，如果他们将其学识用到治国上，可能又会给万民造福了。

所以，学以致用，将你的知识还有你的智慧与行动结合起来，那么，你定会创造出辉煌的成绩。

第四章
勤于学习

知识就是力量

一个虔诚的信徒,夜间行走在黑漆漆的山路上。突然有个神秘的声音响起:"弯下腰,多捡一些石子,会对你有好处的!"信徒决定执行这一指令,便弯腰捡了几个放入口袋中。

第二天他把这些石子拿出来看时,原来竟是一颗颗光彩夺目的钻石。他立即后悔莫及,昨晚为什么没有多捡几颗呢?

我们的学习也是如此。当我们长大后,才发现以前学的科学知识是珍贵的宝石,但同时也会觉得可惜,因为我们真正可以好好学习的大好光阴已经被我们在无知中白白浪费了。

我国古代有首小诗,就是用来劝学的:"劝君莫惜金缕衣,劝君惜取少年时。花开堪折直须折,莫待无花空折枝。"

收获在于勤奋

李嘉诚这个名字在华人中几乎无人不知、无人不晓。作为华人中的巨富,他有着传奇般的经历。他之所以能够成功,自然有其性格上的许多优势值得我们借鉴,但我们最应该学习的还是他对知识的那种态度。李嘉诚曾经说过,不会学习的人就不会成功。他一直都很尊重知识,直到现在,他虽已有了万贯家产,但仍然坚持不懈地学习,如饥似渴地吸收各种各样的知识。

翻开名人录,"尊重知识"几乎是所有成功人士的共性。是的,你可以鄙视一切,但你决不能鄙视知识。任何不尊重知识的人必定会被生活所抛弃。但是,衡量知识的标准并不是学历,而是学识。就像比尔·盖茨,年轻时没有任何大学的毕业证书,但又有哪个人敢说他没有知识呢?我们也见过不少高学历的人,但是做起事来却没有任何的创新,只是教条主义,生搬硬套书本上的知识。一说起理论来便长篇大论,比什么人都博学,但一做起事情来,却是最没有水平的。知识不是印在书本上的那些黑字,而是存储在我们头脑中的信息。知识也只有和实践相结合,才能发挥出它的最大功效。

在当今社会,知识的重要性更为人们所重视。在这个竞争

第四章
勤于学习

日益激烈的社会，知识成为我们生存所必需的一种手段。这一点尤其体现在国与国之间的竞争上。往往谁抢占了高科技领域，谁就取得了控制权，各种各样的竞争背后就是人才的竞争。

就像第二次世界大战后的美国。当时由于战乱，许多科技人才纷纷逃到了美国，其中就有著名的科学家爱因斯坦，因为当时美国远离战场，社会比较安定。战后，这些人才也大多数留在美国发展，为美国科学技术的进步贡献出了不少的力量，于是美国很快便发展成为世界强国。

现如今，人才的重要性已受到越来越多的国家的关注。但是，让人们感到惋惜的是，往往当我们踏入社会，真正地独立生活，才体会到知识的重要性。而在我们学习的大好时光，也就是青少年时代，却往往意识不到这一点，所以就有了"少壮不努力，老大徒伤悲"的感慨。

所以，让我们尊重知识、重视知识。让我们记住富兰克林的那句话："花钱求学问，是一本万利的投资，如果有谁能把所有的钱都装进脑袋中，那就绝对没有人能把它拿走了！"

收获在于勤奋

勤学则进，怠之则退

晋代的大文学家陶渊明隐居田园，一天，一个少年前来拜访，自称非常羡慕先生的学识，请先生赐教读书的妙法。

陶渊明捋须而笑道："天底下哪有什么学习的妙法？只有笨法，全凭刻苦用功、持之以恒，勤学则进，怠之则退。"

少年似乎没听明白，陶渊明便拉着少年的手来到田边，指着一棵稻秧说："你好好地看，认真地看，看它是不是在长高？"

少年很听话，怎么看，也没见稻秧长高，便起身对陶渊明说："晚辈没看见它长高。"

陶渊明道："如果它没长高，为何能从一棵秧苗长到现在这么高呢？其实，它每时每刻都在长，只是我们的肉眼无法看到罢了。读书求知以及知识的积累，便是同一道理！天天勤学苦读，天长日久，丰富的知识就装在自己的大脑里了。"

说完这些话，陶渊明又指着河边一块大磨石问少年："那

第四章
勤于学习

块磨石为什么会有像马鞍一样的凹面呢？"

少年回答："那是磨镰刀磨的。"

陶渊明又问："具体是哪一天磨的呢？"

少年无言以对，陶渊明说："村里人天天都在上面磨刀、磨镰，日积月累，年复一年，才成为这个样子的，不可能是一天之功啊，正所谓冰冻三尺，非一日之寒！学习求知也是这样，若不持之以恒地求知，每天都会有所亏欠的！"

少年恍然大悟，陶渊明见儒子可教，又兴致极好地送了少年两句话：

"勤学似春起之苗，不见其增，日有所长；辍学如磨刀之石，不见其损，日有所亏。"

"江郎才尽"这个成语用来形容那些先有盛名，到后来却做不出什么像样成绩的人。江郎为什么先在事业上颇有成就，由一个出身贫寒的人至位居高官，封醴陵侯，诗赋也颇负盛名？又为什么年富力强，在本当大有作为之时却又才思枯竭？

江郎早年家贫，所以学习刻苦，"留情于文章"，而且非常注意向有成就的前辈学习，"于诗颇加刻画，天分不优，而人工偏至"，也就是说，他虽缺乏做学问的条件，但却以加

收获
在于
勤奋

倍的努力去钻研。他的成就，不是天意神授，而是来自于勤和思，勤奋不怠，好学不倦，这就是他前半辈子誉满朝野的根本原因。但到了后半辈子，官做大了，名声也大了，认为平生所求皆已具备，功名既立，需及时行乐了。于是由嬉而随，耽于安乐，自我放纵，再不求刻苦砥砺了。他自己说他性有五短，其中的"体本疲缓，卧不肯起""性甚畏动，事绝不行"等就属于"随"的劣性。"随"导致他事业心消磨，他只"望在五亩之宅，半顷之田"，什么治国平天下的雄心壮志都烟消云散了。后来诗文褪色，"绝无美句"，这是必然的结局。

　　罗马不是一天建成的，知识也不是一天学成的。学海无涯，只有勤奋不辍，才能修成正果。

第四章
勤于学习

换个角度看问题

唐朝中叶，安禄山发动叛乱。叛军一路势如破竹，这一天来到了雍丘。著名将领张巡率领雍丘军民进行了积极的抵抗。守卫战坚持了四十多天，城中的箭都已用完。张巡叫士兵们扎了一千多个草人，给草人穿上黑衣，系上绳子。晚上，叫士兵提着绳子把草人从城墙上慢慢放下去。围城的叛军以为是唐军偷越出城，一阵乱箭射去。等草人身上扎满了箭，士兵们再把草人拉上城来。这样反复多次，得到了十几万支箭，叛军才知道张巡用了草人借箭的计策。又一天夜里，只见又有好多人从城上吊了下去。叛军将士都哈哈大笑，嘲笑张巡愚蠢。有个将领说："张巡还想用草人来赚我们的箭啊，弟兄们，别上当啦！咱们不理他，让他们等着吧！"

过了一阵子，有人报告城墙上的草人不见了。那个将领说："咱们不射箭，张巡准是等不及，把草人收回去了。没事

收获
在于
勤奋

啦，大家都睡觉去吧。"夜深人静的时候，突然跑出一支唐军，直向叛军兵营杀来。城里的唐军也擂鼓呐喊，就要杀出城来。而叛军将士早已进入梦乡，遭到这突然袭击，立刻大乱。叛军将领从睡梦中惊醒，以为是唐朝的增援大军杀来了，不敢抵抗，慌忙下令放火，把那些工事壁垒一起烧毁，然后逃跑了。原来这又是张巡用的计。这次吊下来的不是草人，是唐军的敢死队。敢死队下城以后就找地方埋伏起来，到深夜发动突然袭击，城里再呼应助威，好像增援大军从天而降。其实，敢死队一共才500人。

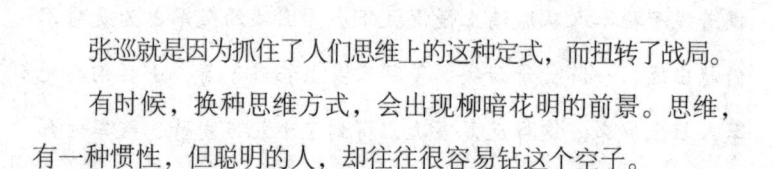

　　张巡就是因为抓住了人们思维上的这种定式，而扭转了战局。
　　有时候，换种思维方式，会出现柳暗花明的前景。思维，有一种惯性，但聪明的人，却往往很容易钻这个空子。

　　杰克是一家大型公司的高级主管，他面临一个两难的境地。一方面，他非常喜欢自己的工作，也很喜欢跟随工作而来的丰厚的报酬，他的位置使他的薪水只增不减。但是，另一方面，他非常讨厌他的上司，几年过去，他发觉自己对上司已经

第四章
勤于学习

到了忍无可忍的地步了。在经过慎重思考之后,他决定去猎头公司重新谋一个别的公司高级主管的职位。猎头公司告诉他,以他的条件,再找一个类似的职位并不费劲。

回到家,杰克把这一切告诉了妻子。他的妻子是一个老师,那天她上课时跟学生谈论的话题是如何换个角度思考问题。她把上课的内容讲给了杰克听,杰克听了妻子的话之后,一个大胆的创意在他的脑中浮现了。

第二天,他又来到猎头公司,这次他是请公司替他的上司找工作。不久,他的上司接到了猎头公司打来的电话,请他去别的公司高就。尽管他完全不知道这是他的下属和猎头公司共同谋划的结果,但正好这位上司对于自己现在的工作也厌倦了,所以没有考虑过多,就接受了这份新工作。

这件事最美妙的地方,就在于上司接受了新的工作,结果他目前的位置就空出来了。杰克申请了这个位置,并如愿以偿。

这是一个真实的故事,在这个故事中,杰克的本意是想替自己找份工作,以躲开令自己讨厌的上司。但是他的妻子让他懂得了如何从不同的角度考虑问题,结果他不仅仍然干着自己

**收获
在于
勤奋**

喜欢的工作,而且摆脱了令自己烦恼的上司,还得到了意外的升迁。

打破思维定式,换个角度考虑问题,跳出原有的思维框架,你有可能发现一个全新的世界。

第四章
勤于学习

创新才有未来

我们常说的知识，就是说这个人对已知世界了解了多少，也意味着这个人水平的高低和能力的大小，但是这并不能说明知识就是创新。创新是对未知世界的探索，它要求必须有一定的专业知识作基础。通用汽车公司总裁杰克·韦尔奇说："在目前这个竞争激烈的新经济时代，一个企业家最差劲的表现就是缺乏创新、不思进取。"

想要打开一个全新的局面，就必须要求我们突破现有的常规，突破现有知识的束缚，有一种把不可能变成可能的精神和能力。

一百多年前，当时的科学界几乎达成了共识，那就是用金属制作的机械飞不起来。但是作为工人出身的莱特兄弟偏偏对这个理论怀有质疑，他们坚信可以实现这个科学家认定的事实，他们反复研究、无数次地试验，结果把不可能变成可能，

收获
在于
勤奋

造出了飞机。到现在，更为先进的飞机制造技术和飞行技术更是当时的人们所想象不到的，但一切都变成了可能。

想要把一切变成可能，最起码应该有这个胆量，要相信创意无处不在。日常生活中，我们经常会发现，很多广告商会千方百计地请明星代言自己的产品，这样会使销售额迅速增加。可是，很多广告商也正是因为这个苦恼，因为找不到明星，所以苦恼。来看看下面这个美国的出版商是怎样将他的设想付诸行动的。

一家美国的出版商由于库存长期积压，一批滞销书在手中久久不能出手。图书发行出了问题，发行员有着不能推卸的责任，就因为这个问题，使得发行员杰里陷入了深深的困惑中。假若这批书再卖不出去的话，老板只能把书当成废纸卖掉，或者是打成纸浆。不论是哪种处理方法，对于杰里来说都是毫无益处的。因为没有发行量，他就拿不到奖金，可能还要扣工资，更严重的就是被解雇。杰里一定要改变这种状态，他苦思冥想，想到了一个办法。当他把想法告诉老板后，老板没有抱太大的希望。但是因为很欣赏杰里的创意，所以，勉强让杰里试一下。杰里看到了希望，他决心一定要把这个想法实现。

第四章
勤于学习

杰里和总统有过同学之谊，他决定要试一试。于是，他送给总统一本书。忙于政务的总统哪有时间来看他的书，为了应付他，说了一句："这是一本好书。"

这个回答正是杰里想要的，他回去就制作了这样的一条广告："这是一本总统先生喜欢的书，预购从速！"

不用说，没有几天，那批书全都卖出去了，滞销书变成了畅销书。

之后，杰里又拿了另外一本书给总统送了过去。总统听说了上次的事情后，不敢轻易给出好的评价，就说："这书不怎么样。"

不过，这样的回答也没有难倒杰里。杰里回去后这样做广告："这本书是总统认为最糟的一本书。"结果书又被抢光了。

第三次，杰里照样拿了一本书送给总统。这一次，总统没做任何的评价。

可是，杰里又这样做广告："这本书，总统还没有确定是好是坏，预购从速。"这批书还是被一抢而空。

杰里实施完这个计划之后，毫无疑问，他成了公司里业绩最好的员工，自然也就得到了更多的奖金和表扬。

收获
在于
勤奋

这个故事乍一听，觉得很好笑，可是，细细一想，很多创意不就是这样，需要人们动脑子去想。

通常，我们思考问题的方式往往局限在常规模式下，在遇到或处理相似问题的时候，就会走常规的路线，这样的好处就是能少走弯路，节省时间。但是，想要有所创新，那就得打破这种常规，不能陷入已往的思维模式，要有勇气进行新的尝试，别出心裁。现在的常规还没有被淘汰的时候，我们就要另辟蹊径，走出一条更新更好的道路，就能够在常规不能适应新环境的时候，找到新的出路。

技术不断进步的计算机行业正面临着各种接踵而来的新挑战，比尔·盖茨的工作是要确保他的公司永远比竞争对手领先一步。他必须要考虑到广大的顾客的需要，"创新"一直是盖茨和微软的主旋律。

1994年，微软把教育作为计算机发展的领域来重点考虑，并为8岁至14岁的青少年开发出增进智力发展和培养实用计算机技能的软件包，代替了那些具有暴力和侵略行为内容的软件。这项措施的突破在于把电脑用户转向一种新的产品，就是在当前这种不断增长的暴力世界里更容易被社会所接受的产品。当

第四章
勤于学习

时软件开发集中在操作系统和应用软件上，盖茨这一突破常规的做法让他的微软在市场上名利双收。

比尔·盖茨在与IBM合作时，就具有突破常规的创新思路。就是将计算机操作系统同硬件分离，各种类型的厂商和产品也将随之出现，当时，这毫无疑问是一个具有革命性意义的想法，因为它意味着计算机技术的研发不再局限于少数工程师。甚至比尔·盖茨本人也表示："这是一个相当了不起的想法，不仅为硬件提供了发展机会，也给软件领域带来了创新的可能。"

1980年，IBM为了推广PC，决定和比尔·盖茨合作。比尔·盖茨在合同中提出了一个创新的方案，即在向IBM提供操作系统的同时，又说服IBM同意微软向其他计算机厂商提供操作系统授权。这样，微软在当时不仅仅扩大了操作系统的市场，同时也借助IBM机器的推广创建了与所有公司共同使用的标准平台。

微软公司另一位创始人艾伦表示："比尔·盖茨总是想着如何让公司的产品更成功，更具市场竞争力。如果换一个人回到当初那个年代，我真不知道他是否会拥有同盖茨一样的远见

**收获
在于
勤奋**

卓识。"

创新,在我们的工作中是多么重要。创意的确是无限的,只要我们肯去想,哪有什么事情是办不到的,有什么事情是我们无法解决的呢?一个小小的创意改变的不仅是现有的状态,而且它给我们开辟了更加宽广的局面。

第四章
勤于学习

思考决定一切

从前有一个国家,国王要找一个技术最好的木匠师傅为他做一把龙椅。为了找到最好的木匠师傅,国王决定举行一场比赛。

听到这个消息的国民大量涌来,都希望能得到国王的重用。

到了比赛的最后,只留下了两名入选者,他们即将面对明天的总决赛,由国王做主审。

第二天,总决赛开始,国王让他们两人每人刻一只老鼠,看谁刻得好,就让谁胜出。用了一天的时间,两个木匠师傅把老鼠刻好了。第一个木匠师傅刻的老鼠栩栩如生,甚至连鼠须都会动。

而第二个木匠师傅刻得就不行了,他刻的老鼠只有三分像。在大殿上,国王宣布了结果,第一个木匠师傅获得了胜利。

但是,第二个木匠师傅不乐意了,他说:"国王,您的评判不公平,老鼠的像与不像应该由猫来决定。猫和老鼠是天敌,它们最能分辨老鼠了。"

收获在于勤奋

国王想了想，觉得也有道理，于是叫人到后宫带几只猫来，让猫来决定哪一只更像老鼠。

没有想到的事发生了，猫一到来就往第二个木匠师傅所刻的老鼠身上扑去，对第一个木匠师傅刻的那只却理都不理。

事实摆在眼前，国王只好宣布第二个木匠师傅获得胜利。

事后，国王一直都想不通，于是把第二个木匠师傅叫来，让他说说其中的原因。

第二个木匠师傅对国王说："陛下，道理其实很简单，我只是把鱼骨刻成老鼠罢了！猫最喜欢的食物就是鱼，当猫闻到鱼骨上的味道时，猫关心的只有鱼骨，是不是老鼠已经不重要了。"

获胜者往往是那些最肯动脑筋思考的人。

一个人只要有奇特的想法，他就能够创造出一种奇迹，思考造就了我们。我们的生存也是靠思考建造的。作为一个有智慧的生命，作为自己思想的主人，只要我们善于思考，就能找到属于自己的宝藏。这就是人们常说的：只有努力寻找的人才能找到宝藏；大门只会对叩门的人敞开。因为只有通过耐心实践和无止境的追求，人才能进入幸福殿堂的大门。

有这样一句话："思考决定一切。"确实如此，当思考与

第四章
勤于学习

人生目标、自身毅力以及获取物质财富的炽烈欲望结合在一起时，它便具有更强大的力量。

思考具有一种神奇的力量，思考让人伟大，思考赋予我们理性的思想和智慧，人们正是在思考中变得越来越明智，越来越成熟。它可以开启人类的心灵，激励人类的生命。世界上所有的人都离不开思考，因为思考是生命运动的一部分。

很多社会学家都在绞尽脑汁地探究一个问题：智者与愚者、成功者与失败者之间的区别。其实，他们之间从本质上来说并没有什么区别。只是智者、成功者善于思考，愚者与失败者不善于思考。善于思考的人总是可以从生活中的一个胜利走向另一个胜利，在遇到失败和挫折时，也总会想尽办法来解决这些挫折。智者与成功者始终相信"思考决定一切"。

收获
在于
勤奋

培养独立思考的能力

　　比尔·盖茨是微软公司的首席执行官，由于他善于思考，从而培养起了自己一种独立思考的性格，正是这种性格，使他获得了许多世界之最。

　　比尔·盖茨1955年出生于美国西北部华盛顿州的西雅图。他小时候开朗活泼，是一个精力充沛的孩子，他从小就极爱思考，一旦迷上某事便能全身心投入。

　　随着年龄的增长，比尔·盖茨经常在思考中反省着自己，有时在他的思考中，甚至发现自己有一种能成为世界首富的感觉。就这样，他从小小的文字和巨大的书本中，找到了自我，从而树立起了挑战自我的决心。他甚至在思考中还会产生一种强大的力量，他感觉到无论是哪本书，里面都藏着一种神奇的力量。于是，他开始想象，然后付诸实施。在他看来，这些书以及我们生存的世界，是充满神奇、充满向往的……他想到，

第四章
勤于学习

对于任何一部世界大百科全书，如果能够用一种火柴盒大小的东西将其收录进去，该有多方便。这个奇妙的思想火花迸现在他的脑海里，若干年以后，居然被他实现了，而且比香烟盒还要小，只要一块小小的芯片就行了。

比尔·盖茨就是这样一个善于思考的人，他从思考中培养出了对发明的热爱，最终使他与他的好朋友保罗·艾伦创造了世界著名的计算机软件开发公司——微软。

"我思故我在。"这句箴言不仅概括了一个人存在的全部意义，也包含了一个人生活中所触及的所有环境和条件。可以毫不夸张地说，一个人是在思考中成长起来的，他的性格是其思维的一个总和。

人类发展到了今天，所有的成果难道不都是独立思考的结果吗？对于我们来说，作为这个世界的主宰，作为具有高度思维能力的人，我们也并不是无所不能。正是因为我们善于进行独立思考，从而使我们的眼睛虽远不如鹰的眼睛，却发明了电子眼，超过了鹰的眼睛；我们的嗅觉远不如狗的嗅觉，结果却发明了比狗的嗅觉灵敏的探测器；我们奔跑的速度既比不过兔子，也比不过羚羊，但我们却能生产比兔子或羚羊还快的汽

收获
在于
勤奋

车、火车、飞机等。从这一切来看,是什么让人类主宰了这个世界?首先是智慧,智慧就是独立思考的结晶。人云亦云,无法出奇制胜;跟在别人后边亦步亦趋,也不可能实现思维的创新,同时,缺乏独立思考的精神,也可以看作是人格的缺陷。

富兰克林·布登是全美国最成功的推销员之一,他的计划总是在前一天的晚上就已经制订好了。他每天都给自己定一个目标,每天必须要卖到多少,如果当天没完成,就把它加到第二天。

查尔斯·卢克曼从一个无名小卒,经过十多年的奋斗,成为培素登公司的董事长,每年享有10万美元年薪,另外公司还净赚200万美元。他说自己就是因为具有智慧和独立思考两种能力。

"我一般早上都在5点钟起床,那个时候,我头脑最清醒,我可以考虑得非常周到,把一天的工作都提前计划好,按事物的轻重顺序来安排做事的先后。"卢克曼这样介绍他的经验。

一个人在追求人格独立的时候,必须培养起独立思考的能力,只有对世界、人生、社会、各种各样的现象都保持清醒的头

第四章
勤于学习

脑，有自己的认识视角和判断标准、思考方式，才能引导自己向着有利的方向发展。能力再强的人，如果没有安排好工作顺序，就开始埋首于工作之中，势必会把工作弄得一团糟。

第五章 肩负你的责任

第五章
肩负你的责任

什么是责任

什么是责任呢？责任就是对自己所负使命的忠诚和信守，责任就是出色地完成自己的工作，责任就是忘我的坚守，责任就是人性的升华。总之，一句话，责任就是做好社会、领导、亲人或自己赋予的任何一件有意义的事情。

一个三口之家在春天到来时开始了他们的幸福之旅，父母和孩子脸上是喜气洋洋的，本来一切都是幸福美好的，但他们不知道的是，正是这次的旅游让他们走进了灾难。

为了更好地看风景，一家三口坐上了高空缆车，从高空看外面的景色真是美不胜收，三人都非常高兴。但随之而来的是，缆车突然间从高空坠了下来。这时所有的人都意识到灾难来了，因为缆车太高了，人们都认为他们一家死定了。但最后营救人员从坠下的缆车里带回了唯一的一个幸存者，就是那个

收获
在于
勤奋

三口之家当中的孩子，一个5岁大的小孩。

后来一位营救人员回忆说："在缆车坠下时，是他的父亲将他托起，是他的父亲用自己的身躯阻挡了缆车坠下时的撞击，因此救了孩子。"

听到这里所有的人都震撼了，这就是父母在生命最后一刻仍旧没有忘记自己的责任而带来的震撼，他们的责任是保护孩子。所以，在最危难的瞬间，父亲用自己的双肩托起了自己的孩子，为他夺得了一次生存的机会。

这就是责任，这就是责任所需要的理由。认识了责任的理由，我们就要清醒地意识到自己的责任，并勇敢地扛起它，无论对于自己，还是对于社会，都将是问心无愧的。人可以不伟大，人也可以清贫，但我们不可以没有责任。任何时候，都不能放弃肩上的责任，扛着它，就是扛着自己生命的信念。

责任是一种与生俱来的使命，当我们来到这个世界的时候，它就伴随着我们的生命走向终结。但是，在实际生活中，只有那些勇于承担责任的人，才有可能被赋予更多的使命，才有资格获得更大的荣誉。那些缺乏责任感的人或不负责任的人，他们不仅失去的是社会对他们的认可，还失去了别人对他

第五章
肩负你的责任

们的信任与尊重,甚至也失去了自身的立命之本——信誉和尊严。所以,无论做什么事,都要把自己的责任牢记心中,只要心中有责任感,即使是付出自己的生命也心甘情愿。

1968年墨西哥奥运会比赛中,最后跑完马拉松赛的一位选手,是来自非洲坦桑尼亚的约翰·亚卡威。他在比赛中不慎跌倒了,拖着摔伤且流血的腿,一拐一拐地跑着。所有选手都跑完全程后很久了,他还在跑,直到当晚7点30分,约翰才跑到终点。这时看台上只剩下不到1000名观众,当他跑完全程的时候,全体观众起立为他鼓掌欢呼。之后,有人问他:"为何你不放弃比赛呢?"他回答道:"国家派我由非洲绕行了3000多千米来此参加比赛,不是仅为起跑而已,要的是完成整个赛程!"

是的,他肩负着国家赋予的责任来参加比赛,虽然拿不到冠军,但是强烈的使命感使他不允许自己当逃兵。责任就是做好赋予你的任何有意义的事情。

一个具有高度责任感的人,无论做什么事,他都会坚强地去完成,勇敢地去承担责任,他也会用关怀和理解去对待责任。因为在他看来,当他对别人负责任的同时,别人也在为他

**收获
在于
勤奋**

承担责任。

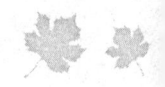

森林里,一只母狮子正给小狮子喂奶,它没发现危险的到来——猎人正悄悄地走近它。当它感觉到危险的时候,猎人已经举起了长矛。母狮子为了救孩子,放弃了逃跑,而是冲着猎人怒吼。发怒的狮子极其凶猛,把猎人吓傻了。因为在一般的情况下,狮子看到猎人拿着长矛早就跑得没影了。可这次的情况不一样,当猎人看到狮子凶恶的样子时,早已顾不得刺向狮子,而是扭头就跑了。母狮子最终凭借自己的勇敢,救了自己的孩子。

究竟是什么原因使母狮子没有选择逃跑,而选择了迎向危险?答案只有一个:因为它是母亲,它要尽到母亲的责任。

动物尚且如此,那么我们人类又当如何呢?道理是相同的,当我们坚守责任时,就是在坚守最根本的义务。

无论从事的是什么样的工作,只要能认真、勇敢地担负起责任,你所做的就是有价值的,你就会获得尊重和敬意。有的责任担当起来很难,有的却很容易,无论难还是易,不在于工作的类别,而在于做事的人。只要你想、你愿意,你就会做得

第五章
肩负你的责任

更好。

　　我们工作不仅仅是为了钱、为了生存，工作还是一种需要，是寻找自己价值的一种需要。工作和事业满足了大家自我实现的需要，而人的这种最高需要则是工作所带来的认同感、满足感。所以，我们更加不能推卸责任，因为责任还代表着自身的价值体现。

收获
在于
勤奋

承担工作中的责任

责任一直都伴随着成功，在工作中承担责任，把它当成一种习惯去培养并坚持下来，一旦出现问题就敢于担当，并设法改善。如果遇到问题只是找借口来推掉并置之度外，那么，最终的结果只会伤害公司的利益，同时，也会伤害到自己。

对我们而言，无论做什么事情，都要记住自己的责任。无论在什么样的工作岗位上，都要对自己的工作负责。

正泰集团董事长南存辉曾说："正泰有两个'上帝'，一个是顾客，一个是员工，要善待这两个'上帝'。"也正是他的这种观念让他获取了成功。

荀子说："对于一般百姓，你只剥削他，而没有给予利益；只想百姓效忠你，而你从不关怀他们；只强迫大家为你做事，你不曾为百姓做实事。这样治理国家，结果只有一个可能，就是灭亡。"

第五章
肩负你的责任

可见，治国要以人为本，治理企业也要以人为本。

华人首富李嘉诚说："最重要的是要了解你的下属希望的是什么。第一，除了生活，他们一定要前途好；第二，除了前途好之外，到将来他们年纪大的时候，有什么保障，有很多方面要顾及。"

我们常常认为只要准时上班、按时下班、不迟到、不早退就是敬业了，就可以心安理得地去领工资了。其实，敬业所需要的工作态度是非常严格的。一个人不论从事何种职业，都应该心中常存责任感，敬重自己的工作，在工作中表现出忠于职守、尽心尽责的精神，这才是真正的敬业。

李嘉诚还说过："可以毫不夸张地说，一个大企业就像一个大家庭，每一个员工都是家庭的一分子。就凭他们对整个家庭的巨大贡献，他们也实在应该取其所得。反过来说，就是员工养活了整个公司，公司应该多谢他们才对。"

当我们竭尽全力、尽职尽责工作的时候，不论结果将会如何，我们都是最终的赢家、最终的受益者。因为勇于负责，充满责任感地工作，就已经获得了成功的最大回报。

在一份报纸上，有一则招聘教师的广告："工作很轻松，但要全心全意，尽职尽责。"事实上，不仅教师如此，所有工

收获在于勤奋

作的人，无论你处在什么样的位置都要对你的工作全心全意、尽职尽责。

任何一个人都应该尽职尽责，尽自己的最大努力，求得不断的进步。这不仅是工作的原则，也是人生的原则。如果没有了职责和理想，生命就会变得毫无意义。无论你身居何处，如果能全身心地投入工作，最后都会获得一定的成就。

知道如何做好一件事，比知道很多事情却只懂一点儿皮毛要强得多。

有一位校长，在每年学生的毕业典礼上，他都会给这些学生说这样一段话："比其他事情更重要的是，你们需要知道怎样将一件事情做好，与其他有能力做这件事的人相比，如果你能做得更好，你就永远不会失业。"

一个成功的企业家也说过这样的话："如果你能真正制作好一枚别针，应该比你制造出粗陋的蒸汽机赚到的钱更多。"

上面的两句话，其实就是告诉我们无论从事什么职业，都应该精通它。任何一个人都应该下定决心掌握自己职业领域的所有问题，使自己变得比他人更精通。如果你是工作方面的行家里手，精通自己的全部业务，就能赢得良好的声誉，也就拥有了成功的秘密武器。

第五章
肩负你的责任

责任是借口的天敌

　　一个周日的下午，风很大，一家人驾车行驶在高速公路上。突然，一幅画面进入了他们的视线：在公路左侧的旷野上，一个中年人正从轮椅上跃起，扑向一大片报纸。被风吹散的报纸在空中飞舞着，到处都是。他在地上爬行着，努力想去抓住那些报纸，可风太大了，而他的腿又有残疾，显然要想把报纸收拢在一起是很困难的。

　　"爸爸，我们去帮帮他吧！"坐在后面的儿子说。

　　爸爸找了个位置把车停好，一家人一起冲过去帮忙。

　　风的确很大，好长时间一家人才把散在四处的报纸捡拾完，然后抱着围拢到那个人的身边。此时，强烈的好奇心使这家人很想知道究竟发生了什么事。只见那个中年人紧紧地抓着几张他费了很大劲才捡回来的报纸，并挣扎着坐回到轮椅上，一只手臂抖个不停。

收获
在于
勤奋

"发生了什么事?"儿子问。

中年人长出一口气,说:"老板让我把几捆报纸送给客户,等我到地方的时候发现少了一捆,急忙回来沿途寻找,可当我来到这里时,简直不敢相信自己的眼睛,报纸被风吹得到处都是。"

爸爸脱口问:"你不会打算一个人把这些报纸捡起来吧?"

"当然,我必须这样做,这是我的责任。"中年人这样回答时,用一种很奇怪的眼神望着父亲,好像很不理解他为什么会这样问。

你可以想象一下,一个双腿有残疾的人匍匐在狂风肆虐的旷野中,伸着双手试图抓住漫天飞舞的报纸会是一种什么情景。这并不是他能够做到的事情,但他却勇敢地这么做了,承担起了因自己而造成的错误。虽然他的身体有缺陷,但他有着一颗最健康的责任心。

世界上的事情从表面上看去是错综复杂的,其实当剔除掉一切不必要的因素和环节之后你会发现,其实任何事情最初都是由一些简单的直接的元素构成的,而在这些元素之上衍生出来的东西,都是可有可无的,它们的作用只是用来迷惑人的眼

第五章
肩负你的责任

球。在追求成功的道路上,我们必须具有这样的能力。

现实生活中,对待同样的一件事,有的人就利用这样的能力找到了将问题顺利解决的方法,有的人却并没有这样做,而是用一些借口把问题敷衍了过去。于是,前者获得了成功,而后者却不得不接受失败的命运。其实,这样的能力每个人都具备,只要我们远离借口,勇敢地承担起自己应负的责任。

习惯找借口的人,虽然能在情绪上获得短暂的放松,却丝毫无助于问题的解决。何况对于我们的生命来说,借口就像是一个深不可测的泥潭,每一个陷入其中的人,最终都会犹如落入虎口的羔羊,因为失去了招架之力而只能束手就擒,一命呜呼了。

借口只是失败者口里的托辞。它对我们极力想得到的成功,不但没有任何帮助,反而会有阻碍作用。它羁绊了我们迈向成功的步伐,消磨了我们对成功的渴望。它让我们更像一个未懂事的孩子,总是把错误转嫁给别人,希求能逃避大人的惩罚。每次得逞后,也不会对自己的行为加以总结和鞭策,于是下次不自觉地又会犯类似的错误。这是一个恶性循环。在这个循环里,成功只能是我们睡梦里面的事。追求成功的我们,是不能允许此类事情发生的,因为"没有任何借口是准则,更是

收获
在于
勤奋

精神——它倡导了一种踏实敬业、不懈进取的人生信念,不找借口不是唯命是从的代名词,而是才华和创造力的起点"。

第五章
肩负你的责任

成功源于责任

老刘是一位雕刻师傅,他非常喜欢雕刻,可以说他把一生都奉献给了雕刻事业。他雕刻的作品,每一件都是优秀的。历经半辈子的雕刻生涯,刘师傅已经年近六十,他觉得这是该退休的年龄了,于是他告诉老板自己准备回家安度晚年,享受天伦之乐。老板想将这位素以认真负责著称的雕刻师傅再留一段时间,并许诺支付双倍的工资,老刘还是拒绝了。最后老板请求老刘再雕刻一件作品,老刘勉强答应了,于是老板把最好的一块木头给了老刘,让他雕刻。

老刘雕刻他最后一件作品的时候,大家发现虽然是一样的刻刀,一样的环境,但老刘的心思已经不在这里,他雕刻的这件作品和以前所雕刻的那些相比有很大距离。

一段时间后,老刘雕刻的作品已经完成,于是向老板辞行。在他走的时候,老板把那件作品送给他,并说道:"老伙计,我

收获
在于
勤奋

知道你很喜欢雕刻，这是我这里最好的一块木料所雕刻的物件了，也是你雕刻的最后一件作品，是我送给你的一份礼物，希望你未来的日子里，身体越来越好，生活也越来越快乐。"

老刘双手接过那件作品，半天说不出一句话，接着泪流满面，羞愧得满脸通红，最后老刘放声大哭起来。老刘为自己最后的败笔而悔恨不已！

以后的日子里，老刘看着那件自己不负责任所雕刻出来的物件就伤心，虽然他表面上很开心，但是他心里一直都在接受良心的审讯，直到他死亡的那天。

在现实生活中，我们许多人何尝不是这样？也许一生都勤勤勉勉，刻苦努力，最后却放弃了原则和理想，于是不得不品尝自己一手造成的苦果。虽然很后悔，但是为时已晚，已经没有改正的机会了。

同样一个人，同样的一件事，为什么前后会有如此大的差距呢？这说明不是因为老刘技艺减退，而是因为他失去了责任感。

无论做什么事情，都要记住自己的责任，无论在什么样的工作岗位上，都要对自己的工作负责。

第五章
肩负你的责任

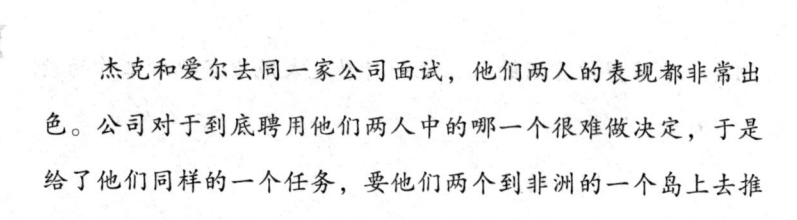

杰克和爱尔去同一家公司面试，他们两人的表现都非常出色。公司对于到底聘用他们两人中的哪一个很难做决定，于是给了他们同样的一个任务，要他们两个到非洲的一个岛上去推销鞋子，最后再给他们两人答案。

一个月之后，爱尔首先回来，他没有拿出任何成绩，只是对经理说："并不是我推销不出去产品，因为那个岛上的人根本不穿鞋子，我没有办法，所以我在那里找不到市场，在那里去推销鞋子简直就是一种浪费。我认为一个优秀的人才，应该到一个适合他工作的地方去，因为优秀的人才不会走任何一条弯路。"

几天后，杰克也回来了，他非常高兴地对经理说："那个地方的市场太大了，简直超乎我的想象。那里的人根本不知道穿鞋子的好处，于是我想尽办法让他们试着穿鞋子，如果好就买回去。就这样，我获得了他们的认同，我带去的产品很快就销售一空，拿到了许多订单。"

结果很明显，杰克最终得到了公司的聘用。老板给他们的一句话是："一个优秀的员工，绝对不是自封的，他能创造出自己的价值，不论在任何地方都一样。杰克用行动告诉我们，

**收获
在于
勤奋**

他是一个值得被重用的人,他的行动也表现出了他对工作的敬业、负责。"

　　一个人只要能够对工作负责到底,不去强调工作的过程如何辛苦,而是把最终完成任务的结果告诉老板,那么他负责任的态度将会为他赢得老板的赏识。

　　生活当中,有许多人对自己没有信心,认为自己地位低微,别人所拥有的成就,不属于自己,别人所拥有的尊严,自己也不配享有。可是,他们不知道,想赢得别人的敬重,让自己活得有尊严,就应该勇敢地承担起自己的责任。即使没有良好的出身、优越的地位,只要能够对自己的工作负责到底,勤奋努力地工作,就会赢得他人的敬重和支持。所以,在工作中,应该要求自己具备一种勇于负责的精神。

第五章
肩负你的责任

尽职尽责地工作

　　尽职尽责是一种全心地付出。尽职是一种挑战困境的勇气，尽责也是战胜一切的决心。尽职尽责是对工作职责的勇敢承担，是对工作环境的积极适应，也是对自己所负使命的忠诚和信守。

　　一个尽职尽责的人，一个勇于承担责任的人，会因为这份承担而让生命更有分量。

　　一位刚下飞机的外国客人坐上了一辆出租车，车内的情况让他大吃一惊：车上铺着羊毛毯，地毯边上还缀着鲜艳的花边，玻璃隔板上镶着名画的复制品，车窗一尘不染……

　　外国客人惊讶地对司机说："天哪，我从没坐过这样漂亮的出租车。"

　　司机笑着回答："谢谢你的夸奖。"

收获
在于
勤奋

外国客人又问:"你是怎么想到装饰你的出租车的?"

这时司机给外国客人讲了这样一段话:

车不是我的,是公司的。我应该对我的公司、我本人以及我的出租车负起责任。多年前,我在公司做清洁工的时候,每辆出租车晚上回来时都像刚从垃圾堆里出来一样,车辆脚垫上堆满了烟蒂和垃圾,座位或车门把手上甚至有一些黏稠的东西。我当时就想,如果他们对公司或出租车多负一些责任,应该就会有清洁的车给客人坐,客人心情好了,也许会多为别人着想一点,经济价值也就出来了。

后来我领到了出租车牌照,我就按自己的想法把车收拾成了这样。每位客人下车后,我都一定要为下一位客人把车打扫干净,即使是晚上回到公司,我一样会把出租车擦得干干净净,这是我对公司应负的责任。

这位司机做到了对公司、对他自己、对车负责任,所以他得到的收入总比别人多,他得到的赞美也比别人多。所以,工作就意味着责任,每一个职位所规定的工作内容就是一份责任,你做了这份工作就应该担负起这份责任,每个人都应该对

第五章
肩负你的责任

所担负的工作充满责任感。

尽职尽责还是员工的一份工作宣言。在这份工作宣言里，你首先要表明的是你的工作态度，你要以高度的责任感对待工作，不懈怠工作，对于工作中出现的问题能勇敢地承担，这是保证工作能够有效完成的基本条件。尽职尽责让人坚强，尽职尽责让人勇敢，尽职尽责也让人知道关怀和理解。因为你对别人尽职尽责的同时，别人也在为你承担责任。无论你所做的是什么样的工作，只要你能认真、勇敢地担负起责任，你所做的就是有价值的，你就会获得尊重。

如果在工作中没有了职责和理想，你的生活就会变得毫无意义。所以，不管从事什么样的工作，平凡的也好，令人羡慕的也好，都应该尽职尽责，在敬业的基础上不断取得进步。如果你的工作环境很艰苦，却能全心地投入工作，最后你获得的不仅是经济上的宽裕，还有人格上的自我完善。

尽职尽责还需要持之以恒。功亏一篑的例子太多了，比如水烧到99摄氏度，你想差不多了，于是不再烧了，那么，你永远喝不到真正的热开水。在这种情况下，99%的努力也等于零。

无论做什么工作，都要沉下心来脚踏实地地去做。只要你的努力是持之以恒的，你把时间花在什么地方，就会在那里看

收获
在于
勤奋

到成绩。

也许你是一个不错的员工，上司会信赖地指派你去办件小差事，你能保证把任务完成吗？如果你前往办事的地方是有名的旅游胜地或是你久未见面的朋友的故乡，你会不会忘了尽职尽责？你会不会放松你的责任心？事实上，每个人在接到一项任务时，都会有压力和厌烦感，有时他们不能克制自己，他们会因为外界的诱惑而不能把精力投入到工作中去。能否克制自己是尽职尽责的员工和平庸员工的最大差别。

第五章
肩负你的责任

把责任铭记在心中

如果希望自己的一生有所成就，就要把"责任"这两个字永远铭刻在自己的心中，必须让责任感成为鞭策、激励、监督我们不断发展的力量，只有这样，我们在工作上才不会有丝毫的懈怠，才会更加地奋发图强。

当我们把责任铭刻心中的时候，也要注意责任与责任感是有区别的。责任是指对任务的一种负责和承担，而责任感则是一个人对待任务、对待公司的态度。责任感是简单而无价的。

有多少责任心，就注定我们会有多大的成就，一个人是否还在浑浑噩噩地生活，这也取决于他自己对责任感的强弱。如果在工作中，出现问题也决不推脱，而是设法改善，那么将会赢得足够的尊敬和荣誉。

当你对工作充满责任感时，就能从中学到更多的知识，积累更多的经验，就能在工作的过程中找到快乐。这种习惯或许

收获
在于
勤奋

不会有立竿见影的效果，但可以肯定的是，当懒散、敷衍成为一种习惯时，做起事来往往就会不诚实。这样，人们必定会轻视你的工作，从而轻视你的人品。粗劣的工作，就会造成粗劣的生活。工作是人们生活的一部分，做着粗劣的工作，不但使工作的效能降低，而且还会使人丧失做事的才能。工作上投机取巧也许只给你的老板带来一点儿经济损失，但是毁掉的却是你的一生。

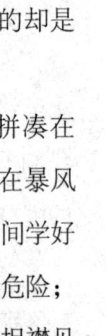

　　那些责任感不强的泥瓦工和木匠，将砖石和木料拼凑在一起来建造房屋，在这些房屋尚未售出之前，有些已经在暴风雨中坍塌了；那些责任感不强的医科学生不愿花更多的时间学好医术，结果做起手术来笨手笨脚，让病人冒着极大的生命危险；责任感不强的律师在读书时不注意培养能力，办起案件来捉襟见肘，让当事人白白浪费金钱；责任感不强的财务人员，在汇款时疏忽大意写错了账号，给公司带来灾难性的损失……这样的人，都会因为给老板和顾客带来灾难而失去工作的资格。

　　如果一个人具备责任感，他就会有战胜诸多困难的强大精神力量，就会有勇气去排除万难，把不可能的事变成有可能，甚至还完成得相当出色。如果一个人失去了责任感，那么他做什么事都不会成功，即使他工作能力突出，最终的结果也将是

第五章
肩负你的责任

一败涂地。

对一些人来说，尽管他们手中握住了权力，但由于他们没有很强的责任感，做起事来没有投入，最后他们也就没有发展。在他们看来，只要把事情做完就行了，至于责任感有无皆可。事实上，企业是由许多人组成的，大家有着共同的目标和共同的利益，企业里的每一个人都负载着企业的生死存亡、兴衰成败的责任，因此无论职位高低都必须具有很强的责任感。

缺乏责任感的员工，不会视企业的利益为自己的利益，也不会因为自己的所作所为影响到企业的利益而感到不安，更不会处处为企业着想，为企业留住忠诚的顾客，让企业有稳定的顾客群，他们总是推卸责任。在老板眼里，这样的人是不可靠的、不可以委以重任的人，一旦他们伤害公司和客户的利益时，老板会毫不犹豫地将其解雇。

对待工作，是充满责任感、尽自己最大的努力，还是敷衍了事，这一点正是事业成功者和事业失败者的分水岭。事业成功者无论做什么，都力求尽心尽责，丝毫不会放松，不会轻率疏忽。

当然，责任感也有强弱之分，在某一时间，我们会有着强烈的责任感，而在某一时间我们却把责任抛在脑后。所以说，

**收获
在于
勤奋**

要让责任感成为我们脑海中一种强烈的意识，深入工作中的每一点每一滴。但是，做起来有时真的很难，因为在这个过程中，诱惑的东西太多了，让我们难以克制自己。作为一个人来说，我们不是所有的时候都能靠理智战胜感情，也不是所有的时候都能靠责任感战胜懒散。

不管怎样，我们一定要培养起责任感。我们要在工作中培养责任感，这就像出租公司的司机，能让车天天保持整洁；就像书店的营业员，能勤擦拭书架上的灰尘。当我们把责任感培养成一种习惯，成为一个人的生活态度时，我们就会自然而然地担负起责任，而不是刻意地去做。当把这些当作必须做的事情时，我们就不会觉得麻烦和疲劳。换言之，当意识到责任在召唤我们的时候，我们就会随时为责任而放弃一切。

第五章
肩负你的责任

养成专注的习惯

每一个想获取成功的人,都应该学会一心一意地专注于自己的工作,这种品质是不可缺少的。如果你已经掌握了这种品质,那么你离成功也就不远了。

作为一个赛车手,当他在赛场上时必须要全心全意地投入比赛中去,不允许他有一丁点儿分心,只有这样才能更好地在赛场上驰骋。做车手如此,工作也应该如此,每当上级给你指定了一件工作的时候,你就要全身心地投入,不要三心二意,当你达到这种境界的时候,你就能体会到在工作中的快乐,就能克服阻碍你的所有困难并走向成功。

世上没有那种可以一心两用,并且可以把每一件事都做得完美的天才。任何一个人,只要做事专注,就拥有了一种纵横职场的良好品格。那些不能专注于自己工作的人,很难在当今社会中找到一份真正属于自己的工作,而且也没有任何一家

收获
在于
勤奋

企业会收留那些做事不专心、三心二意的人,就算有再高的学历、再好的经验也一样。现在的老板注重的是做事细心、负责的员工,只有这种员工才能受到老板的器重和提拔。

在荷兰,有一位初中刚刚毕业的年轻人,他在小镇上找了一个看门的工作。他是一个负责的人,当选择了这个工作以后,他再也没有离开过这个小镇,没有再换过工作,可是他太年轻了,工作的清闲让他很无奈。一天,镇上的一个老人给他带来了一份打磨镜片的工作,让他在工作期间可以打发一些时间。

就这样,这个年轻小伙子磨起了镜片,他日复一日,年复一年,总是尽职尽责地打磨好每一块镜片。当他拿起一块镜片时,他的脸上全是专注、仔细、锲而不舍的表情。在几十年当中,他的技术早已超出那些专业技术人员。同时他在打磨镜片的过程当中发现了另一个未知的微生物世界。从此,他名声大噪,只有初中文化的他,被授予了科学院士,同时,英国女王也到小镇拜访过他。

他就是荷兰科学家万·列文虎克。

第五章
肩负你的责任

人的思想是很了不起的！当你专注于某一项事业时就会做出许多让自己感到很吃惊的事来。即使是一个很平凡的人，只要能把任何一件事尽职尽责地完成，就一定会做出非凡的成绩。

德国西门子公司的中国区第一任销售经理盖尔克，为西门子公司的产品占领中国市场立下了汗马功劳。同时盖尔克也得到了许多的荣誉，为自己赢得了成功。当有人问起盖尔克的成功经验时，他只说了这样的一段话：“从我到西门子公司工作开始，我就给自己立下了一个座右铭：'在工作的时候要专心致志，要把我的工作当成我的兴趣，在工作中找到快乐。'这就是我一直以来都坚持的信念，也正是因为这样我才走向了成功。”

工作的专注能使一个人更加热爱公司，更加热爱自己的工作，并从工作中体会到更多的乐趣。那些职场上取得成功、富有成就感的人，他们不仅养成了专注工作的习惯，还把专注于工作看做是自己的使命。专注于每一件工作，也是许多公司衡量一个好员工的标准之一。现在很多企业都在提倡"干一行、专一行"，要的就是员工在工作中能够做到专注，全身心地投入，这也是员工敬业精神的主要体现。

收获在于勤奋

现实生活中,很多人都会有失眠的烦恼,他们夜里总是睡不着觉,因为他们心里总会想一些乱七八糟的事。如果这个时候他们能非常专注地去想一件事,那么可能一会儿就进入梦乡了。我有一段时间失眠,但我采取了一个很好的办法,我睡在床上就只想一个数字"1"或"0",我总是强迫自己去想。每天清晨醒来的时候,我都不知道我是什么时候睡着的。所以,做每一件事,都要一心一意地投入进去,只有这样,我们才能达到我们的目的。

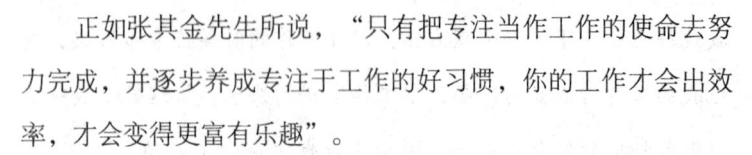

正如张其金先生所说,"只有把专注当作工作的使命去努力完成,并逐步养成专注于工作的好习惯,你的工作才会出效率,才会变得更富有乐趣"。

第五章
肩负你的责任

工作不能敷衍了事

只要养成了敷衍了事的恶习，做起事来就会不诚实。这样，人们最终必定会轻视他的工作，从而轻视他的人品。

那么，如何去改变这种恶习呢？只要在做事的时候，抱着非做成不可的决心，抱着追求尽善尽美的态度，那么你的工作将会越做越好，你就会越来越接近成功。

有一位著名的雕塑家，他对工作一直都要求严谨。有一次，一位记者去参观他的作品，当记者看到雕塑家的时候，雕塑家正在仔细地修改着一件作品。记者站在那儿看了很长时间，因为他发现雕塑家所修改的作品已经非常完美了，可是雕塑家依然没有停下来的意思。对于雕塑家的这种表现，这位记者忍不住问雕塑家："你的这件作品已经很完美了，为什么你还在那儿敲打呢？"

收获
在于
勤奋

雕塑家并没转过头来，仍然仔细地观察着自己的作品。很长一段时间以后，雕塑家才抬起头来，然后深深地出了一口气，对记者说："是啊，这件作品已经完美了，但是我要的不是完美，我需要的是更加完美，你看，我在这几个地方做了润色，使作品变得更加有光彩，使面部表情更柔和了些，使那块肌肉显得更强健有力，也使嘴唇更富有表情，使全身显得更有力度。"

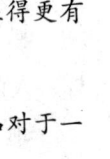

那位参观者听了，不禁说道："可是，你的这件作品对于一般人来说已经很好了，而且你说的这些也并不是很重要的地方啊！"

雕塑家答道："也许确实如此，但你要知道，正是这些细小之处才使整个作品趋于完美，所以，我要一点点地把这些细小的地方修改到更加完美。"

"要的不是完美，而是更加的完美。"这句话不只雕塑家可以用作人生格言，我们也应该用作自己的人生格言。如果每个人都能遵守这一格言，实践这一格言，下定决心无论做任何事情，都要竭尽全力，以求得尽善尽美的结果，那么人类的文

第五章
肩负你的责任

明不知要进步多少。

做任何一件事,都不可以做到"好"就可以了,应该做到"更好";也不能一件事做到半途就停下来,应该努力地坚持下去。

许多年轻人之所以失败,就是败在做事轻率这一点上。这些人对于自己所做的工作从来不会做到尽善尽美。

对于一个渴望成功的人来说,他无论做什么都要力求达到最佳境地,他在奋斗的过程中丝毫不会放松自己。在他看来,如果自己想要走向成功,就不应该轻率疏忽。至于那些失败者,主要是在他们做事的过程中,把应该得到100分的事做到了60分,结果他们就走向了失败。

因此,在工作中,我们都应该严格要求自己,无论做什么事情都要做到最好,决不能对自己放松,把能得到100分的事情,认为做到99分就满足,这样的态度是不行的。另外,无论你在这家企业里的薪水如何,你都应该保持一种忠诚敬业的心态,把公司当成是你自己的,把自己看成是一名优秀的企业家,而不是一名普通的员工。如果这样做,你就会工作得非常开心,就会带着热情和信心去工作。

收获
在于
勤奋

勇敢地担起责任

　　无论你从事什么样的工作，只要能认真、勇敢地担负起责任，你所做的就是有价值的，你就会获得尊重。有的责任担当起来很难，有的却很容易，但无论难还是易，都不在于工作的类别，而在于做事的人。只要你想，你愿意，你就会做得很好。

　　居里夫人是一位杰出的科学家，同时也是一位非常优秀的母亲，她一直用温暖的母爱滋润着孩子们的心，并从整个科学生涯和人生道路上体悟出一个道理：人智力上的成就，在很大程度上依赖于品格之高尚。

　　居里夫人和她的爱人是在她28岁时结婚的。两年后，她们的第一个宝宝出生了，那是一个女儿。在大女儿5岁的时候，她们的第二个女儿也出生了，当时正是居里夫人发现新放射性元素镭的阶段。忙碌完每天的实验以后，还得给宝宝们和丈夫做

第五章
肩负你的责任

饭,当这一切都做完以后,居里夫人的劳累我们可想而知。但是,这样的忙碌并没有影响她把自己的爱倾注给两个孩子。居里夫人一直都坚持着每天去工作之前,一定要检查孩子是否吃得好、睡得好等,这样她才能安心地离去。

居里夫人一直认为,母女之间的感情与心灵的交融,必须靠自己的努力才能做到。她认为,保姆并不足以替代母亲的爱,所以很多事情她都亲自动手。居里夫人不愿意为了世界上任何事情而影响自己的孩子。所以,即使在工作最苦最累的日子里,她也要留出一些时间去照顾孩子,她常常给孩子洗澡换衣,给孩子缝破裂的裙子。居里夫人还为孩子准备了两个记事本,上面每天都记着她为自己孩子需要做的事,和孩子每天的生长状况。这种记录一直都坚持着,直至孩子长大成人。

居里夫人认为负责的品格对一个人的智力发展起着很重要的作用,所以她把自己追求事业和负责的精神都延伸到孩子的身上,她注重利用各种机会给自己的孩子带来良好的影响。在居里夫人的精心培养下她的两个孩子都非常优秀,大女儿荣获了诺贝尔奖,二女儿也成为一位杰出的音乐教育家和作家。

收获
在于
勤奋

"职员必须停止把问题推给别人，应该学会运用自己的意志力和责任感，着手行动，处理这些问题，让自己真正承担起自己的责任。"

确实如此，在工作和生活中，有些人总是抱着付出少许、获取更多的思想行事。在这种情况下，不负责任的问题就出现了。如果他们能够花点时间，仔细考虑一番，就会发现，人生的因果法则首先排除了不劳而获。因此，他们必须要为自己身上所发生的一切负责。换言之，要对自己负责，做一个负责的人。